U0172104

烟草系列
TOBACCO

卷烟设备
寿命周期管理

主 编　李明伟　许 佩　毛爱龙

副主编　张胜利　李秀芳　鲁 瑞　姜克森

参 编　张培华　黄晓强　左体勇　闫俊清　岳俊举
　　　　许 强　张伟峰　石蕴钰　范晓丽　廉 刚
　　　　郭华诚　周亚丽　罗华丽　李秦宇

华中科技大学出版社
http://www.hustp.com
中国·武汉

内 容 简 介

本书主要涉及国内卷烟工业企业的设备管理领域。以河南中烟工业有限责任公司(简称河南中烟)黄金叶生产制造中心为例,围绕设备寿命周期管理理论、管理模式、信息化系统和绩效评价等方面,分设备寿命周期管理概述、设备前期阶段管理、设备运行维护阶段管理、设备改造处置阶段管理、设备寿命周期管理信息平台、设备寿命周期管理评价等章节展开论述,全面介绍国内卷烟厂设备寿命周期管理的开展情况,旨在为国内各卷烟厂的设备管理和技术人员开展设备寿命周期管理工作提供借鉴和参考。

图书在版编目(CIP)数据

卷烟设备寿命周期管理 / 李明伟,许佩,毛爱龙主编 .—武汉:华中科技大学出版社,2022.8
ISBN 978-7-5680-8531-1

Ⅰ.①卷…　Ⅱ.①李…②许…③毛…　Ⅲ.①卷烟包装机－设备管理　Ⅳ.①TS43

中国版本图书馆 CIP 数据核字(2022)第 190877 号

卷烟设备寿命周期管理
Juanyan Shebei Shouming Zhouqi Guanli

李明伟　许佩　毛爱龙　主编

策划编辑:曾光
责任编辑:白慧
封面设计:孢子
责任监印:徐露
出版发行:华中科技大学出版社(中国·武汉)　　电话:(027)81321913
　　　　　武汉市东湖新技术开发区华工科技园　　　邮编:430223
录　排:武汉创易图文工作室
印　刷:武汉邮科印务有限公司
开　本:787 mm×1092 mm　1/16
印　张:11.25
字　数:267 千字
版　次:2022 年 8 月第 1 版第 1 次印刷
定　价:59.00 元

本书若有印装质量问题,请向出版社营销中心调换
全国免费服务热线:400-6679-118　竭诚为您服务
版权所有　侵权必究

前　　言

设备寿命周期管理应用系统论、控制论和决策论，采取多种技术、经济和组织措施，对寿命周期内的设备物质运动形态和价值形态进行综合管理，已成为现代工业企业提升精益化管理水平的必由之路。

近年来，国内卷烟工业企业发展迅速，装备和管理水平取得了长足进步。在国家局的倡导和组织下，各卷烟厂积极引入各种先进管理理念和技术手段，持续开展设备全生命周期管理、状态管理、健康管理等课题的研究和探索，一些企业逐步形成符合行业实际和企业需求的管理模式。本书就是基于企业多年设备寿命周期管理的探索和实践，通过总结、梳理、提炼编写而成的。

本书一共分为六章，主要包括设备寿命周期管理概述、设备前期阶段管理、设备运行维护阶段管理、设备改造处置阶段管理、设备寿命周期管理信息平台、设备寿命周期管理评价等内容。首先，本书对设备寿命周期的概念、内涵和任务，以及设备寿命周期费用分析和应用等理论知识进行系统解读，简要介绍了国内烟草行业设备寿命周期管理的基本要求和开展情况；其次，从设备寿命周期的三个阶段入手，对设备前期阶段的规划、设计、选型、购置和安装等工作，运行维护阶段的使用、维护、维修等工作，改造处置阶段的改造、报废和更新等工作的主要流程和要求展开论述，不但介绍了制造业通用的投资管理、运维管理和资产管理常见的做法和模式，还重点介绍了设备状态监控、设备健康评价以及设备大数据的挖掘、分析和应用等较为先进的方法和模式；最后，通过介绍设备寿命周期管理信息化系统的建设及应用，指出了推动设备寿命周期范围内的实物形态和价值形态综合管理信息化、数据化、智能化的路径和方向。

因编者水平有限，且时间仓促，书中难免存在诸多不足之处，恳请读者不吝赐教，便于进一步修订完善。

目　　录

第一章　设备寿命周期管理概述

第一节　设备寿命周期管理理论

一、设备寿命周期管理内涵

（一）设备寿命周期定义

由于设备磨损、时间推移等因素的影响，设备的使用价值和经济价值不可避免地逐渐减少，使设备具有一定的寿命周期。设备寿命周期是指设备从投入使用开始，到在技术上或经济上不宜继续使用而退出使用过程为止所经历的时间。根据不同的角度，可以把设备的寿命周期划分为物质寿命、技术寿命和经济寿命。设备的物质寿命亦称自然寿命，是指设备从投入使用开始，到由于有形磨损使设备在技术上完全丧失使用价值而报废为止所经历的时间。设备的技术寿命亦称有效寿命，是指设备从投入使用开始，到由于技术进步，性能更好、效率更高的新型设备出现，使原有设备在未达到物质寿命之前就丧失使用价值而退出使用过程所经历的时间。设备的经济寿命，是指从设备投入使用开始，到由于设备老化，使用费用急剧增加，继续使用在经济上不合理而退出使用过程为止所经历的时间。

（二）设备寿命周期管理内涵

传统的设备管理（equipment management）主要是指设备在役期间的运行维修管理，其出发点是设备的可靠性，具有为保障设备稳定可靠运行而进行的维修管理的相关内涵，包括设备的安装、使用、维修直至拆换，体现的是设备的物质运动状态。

资产管理（asset management）侧重于整个设备相关价值运动状态，覆盖购置、投资、折旧、维修、报废等一系列资产寿命周期的概念，其出发点是整个企业运营的经济性，具有为降低运营成本、增加收入而管理的内涵，体现的是资产的价值运动状态。

现代意义上的设备寿命周期管理，涵盖了设备管理和资产管理双重概念，称为设备资产寿命周期管理(equipment-asset life-cycle management)更为合适。它包含了资产和设备管理的全过程,即采购、安装、使用、维修、报废等一系列过程,既包括设备管理,也渗透着其全过程的价值变动过程,因此考虑设备寿命周期管理,要综合考虑设备的可靠性和经济性。

二、设备寿命周期管理任务

设备寿命周期管理的主要任务是,以生产经营为目标,通过一系列的技术、经济、组织措施,对设备的规划、设计、制造、选型、购置、安装、使用、维护、维修、改造、更新直至报废的全过程进行管理,以实现设备寿命周期费用最经济、设备综合产能最高的目标。

三、设备寿命周期管理阶段

设备寿命周期管理包括三个阶段:前期管理阶段、运行维护阶段和改造处置阶段,如图 1.1.1 所示。

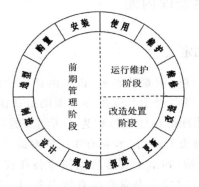

图 1.1.1 设备寿命周期管理示意图

（一）前期管理阶段

设备的前期管理包括规划决策、计划、调研、购置、库存,直至安装调试、试运转的全部过程。

(1)采购期:在投资前期做好设备的能效分析,确认能够起到最佳的作用,进而通过完善的采购方式进行招标比价,在保证性能满足需求的情况下进行最低成本购置。

(2)库存期:设备资产采购完成后,进入企业库存存放,属于库存管理的范畴。

(3)安装期:此期限比较短,属于过渡期,若此阶段没有规范管理,很可能造成库存期与在役期之间的管理真空。

（二）运行维护阶段

运行维护阶段包括为防止设备性能劣化而进行的日常维护保养、润滑、点检以及修理等工作,其目的是保证设备在运行过程中处于良好技术状态,并有效地降低维修费用。在设备运行和维修过程中,可采用现代化管理思想和方法,如行为科学、系统工程、价值工程、定置管理、信息管理与分析、使用和维修成本统计与分析、ABC 分析、PDCA 方法、网络技术、虚拟技术、可靠性维修等。

(三)改造处置阶段

(1)改造期:对于部分可修复设备,定期进行设备轮换和离线修复保养,然后继续更换服役。此期间的管理对于降低购置及维修成本,重复利用设备具有一定的意义。

(2)处置期:设备整体已到使用寿命,故障频发,影响到设备的可靠性,其维修成本已超出设备购置费用,必须对设备进行更换,更换后的设备资产进行变卖、转让或报废,相应的费用进入企业营业外收入或支出。建立完善的处置流程,使资产处置在账管理,既有利于追溯设备使用历史,也利于资金回笼。至此,设备寿命正式终结。

四、设备寿命周期闭环管理

在设备管理的过程中产生的一系列设备及财务的台账和管理及维修记录,如设备的可靠性管理及维修费用的历史数据,都可以作为设备寿命周期的分析依据,最终可以在设备报废之后,对设备整体使用经济性、可靠性及其管理成本做出科学的分析,并可以辅助设备采购决策。可以更换更加先进的设备重新进行寿命周期的跟踪,也可以仍然使用原型号的设备,并应用原设备的历史数据实施更加科学的可靠性管理及维修策略,使其可靠性及维修经济更加优化,从而使设备寿命周期管理形成闭环。

五、设备寿命周期管理系统

为了实现对设备寿命周期的科学管理,必须构建一个适合本企业的设备寿命周期管理系统。该系统不仅应具有资产管理(台账)、设备管理、维修工时和成本管理等基本功能,还应具有信息综合分析、报警功能和诊断专家功能等,对资产、故障、润滑、诊断、备件、维修工时、成本等信息能资源共享,进行综合分析并预报。设备寿命周期管理系统要求将相关信息按时按规定进行记录并输入计算机,例如将故障类型、故障产生原因、停台天数、维修工时、成本等相关数据及时输入计算机,并对信息进行分析处理,然后利用分析结果采取针对性措施,以达到故障率大幅下降的目的。

设备寿命周期管理系统应包括以下主要功能。

(1)投资管理功能:设备前期管理是保持和提高后续管理中设备技术状态和经济效果的关键,是搞好后续管理的基础。该部分主要包括设备规划、选型、安装、调试、验收、申购计划、申购合同、设备租赁、厂商信息等,其中设备规划部分主要包括年度设备使用计划、年度设备使用费计划、设备使用计划需求量等的制定。

(2)台账管理功能:台账数据是进行设备优化配置管理的基础,反映企业设备基本信息及其资产状况,具有静态和动态两部分数据。静态数据主要有设备编号、名称、型号规格、厂商信息、所属单位、原值、主要性能参数等;动态数据有设备净值、折旧额、累计能耗费用、月有效工作台班／时数等。

（3）设备处置管理功能：记录设备的启用、停用、闲置，租入、租出，转入、转出、故障、事故、报废等信息，为管理决策层准确快速地提供设备当前状态。

（4）运行状态管理功能：记录设备日常运行工时信息、能源消耗信息、操作员信息等。

（5）维修保养管理功能：包括设备维修管理和设备保养管理。管理人员根据设备关键性及其各项经济技术指标对设备分类，对不同类型的设备分别采用状态检测维修、定期维修、事后维修、改善性维修等不同的维修模式。设备维修管理包括编制及更改维修计划，记录维修信息，核算维修费用；设备保养管理主要包括润滑定标、润滑实施等。

（6）统计分析功能：统计设备各项技术经济指标及综合状态，提供针对不同管理层次需求的报表输出，包括设备分布表、下属部门设备分布表、工程机械费用核算明细表、单台机械全项核算明细表、单台机械实际费用图表、机械运转情况及经济核算报表、租赁设备收支核算表等。通过各种统计数据及指标，使管理者全面、快速、准确地了解当前企业机械设备资产及使用情况，辅助领导进行企业管理决策。

（7）备件管理功能：对设备的备件进行必要的库存管理，在保证设备正常运作的情况下，尽量降低其库存，减少资金占用量。备件管理主要包括建立设备备件台账，完成备件的出入库管理，制定备件储备定额；备件采购计划管理；对备件进行 ABC 分析，提供各类统计分析报表。

（8）系统维护功能：对系统进行维护，保证系统良好运作。系统维护主要是管理、创建和调整系统的角色、用户及其权限，并进行系统操作权限分配；设置和调整系统的实时信息反馈；完成操作日志、数据备份及数据恢复操作。

第二节　设备寿命周期费用管理

一、设备寿命周期费用管理基本概念

设备寿命周期费用(life cycle cost, LCC)管理是从设备的长期经济效益出发，全面考虑设备的规划、设计、制造、购置、安装、运行、维修、改造、更新，直至报废的全过程，使 LCC 最小的一种管理理念和方法。LCC 管理的核心内容是从一开始就把工作做好，对设备项目或系统进行 LCC 分析，并进行决策。

二、设备寿命周期费用管理应用情况

LCC 的概念起源于瑞典铁路系统。1965 年，美国国防部研究实施 LCC 技术并普及全军，之后，英国、德国、法国、挪威等国的军队普遍运用 LCC 技术。

1999 年 6 月，美国总统克林顿签署政府命令，各州所需的装备及工程项目，要求必须有 LCC 报告。没有 LCC 估算、评价，一律不准签约。同年，50 个国家、地区参加了以英国、挪威为首组建的 LCC 国际组织。该组织为保护参加国的经济利益,要求设备、工程中间商、推销商为买方提供 LCC 报告。

美国将 LCC 管理方法首先应用于核电站。由于核电站建设将可靠性作为优先考虑因素,因而对核电站进行 LCC 管理更具必要性和紧迫性。在此基础上,再将该项技术推向发电机、大型变压器、励磁机、低压输配电系统。加拿大和欧洲一些国家将 LCC 管理和可持续性发展结合起来,偏向于电力系统中的绿色能源,在计算成本时考虑了环境的影响。来自制造厂的专家也提出了 LCC 管理方法在高压开关、变电站方面的应用。

三、设备寿命周期费用分析方法

(一)贝叶斯推断法

贝叶斯一词源于 18 世纪的英国数学家 Thomas Bayes,他的发现使带有主观经验性的知识信息被用于统计推断和决策中。当未来决策因素不完全确定时,必须利用所有能够获得的信息,包括样本信息和先于样本的所有信息,其中包括来自经验、直觉、判断的主观信息,来减少未来事物的不确定性,这就是贝叶斯推断原理。

(二)马尔可夫过程分析法

设备寿命周期过程常常伴随一定的随机过程,而在随机过程理论中的一种重要模型就是马尔可夫过程模型。在一个随机过程中,对于每一初始时刻,系统的下一个时刻的状态仅与初始时刻的状态有关,而与系统是怎样和何时进入这种状态无关,即所谓无后效性或无记忆性,这种随机过程称为马尔可夫随机过程。

(三)层次分析法(AHP)

AHP 是美国著名运筹学家、匹兹堡大学教授 T. L. Saaty 等人在 20 世纪 70 年代中期提出的一种定性与定量分析相结合的多准则决策方法。AHP 可以作为一种确定指标权重的方法加以应用。AHP 的特点是将人的思维过程数学化、模型化、系统化、规范化,便于人们接受,但在运用上有较多的局限性。在 AHP 使用过程中,无论是建立层次结构还是构造判断矩阵,人的主观判断、选择对结果的影响较大,使得用 AHP 进行决策时存在很大的主观成分。鉴于标准 AHP 在使用中存在的不足,人们对其进行了大量的修改,这些修改主要集中在以下几个方面:①对标度方法的修改;②对单排序方法的改进;③一致性检验的处理;④大规模指标的判断矩阵的给出。

(四)模糊综合评判法

模糊综合评判法是利用数学中的模糊变换原理和最大隶属度原则,考虑与被评判事物相关的各个因素,对其进行综合性评价的一种方法。作为模糊数学的一种具体应用方法,模糊综合评判法最早是由我国学者汪培庄提出来的。它主要分为两步:先按每个因素单独评判,再按所有因素进行综合评判。该方法是解决定性和定量问题的经典方法,能够较好地解决判断的模糊性和不确定性问题,在许多领域得到了广泛应用。模糊综合评判法的优点是可以对涉及模糊因素的对象系统进行综合评价。其不足之处在于,不能解决评价指标间相关造成的评价信息重复问题,隶属函数的确定还没有系统的方法,而且合成的算法有待进一步探讨。其评价过程大量应用了人的主观判断,各因素权重的确定带有一定的主观性,因此总的来说,模糊综合评判法是一种基于主观信息的综合评价方法。

(五)数据包络分析法(DEA)

DEA 是著名运筹学家 A. Charnes 和 W. W. Copper 等学者以"相对效率"为基础发展起来的一种新的系统分析方法。它主要采用线性规划方法,利用观察到的有效样本数据,对决策单元(decision making units, DMU)进行生产有效性评价。白思俊曾对 DEA 在项目评价中的应用进行了研究。DEA 是一种定量评价方法,其特点是完全基于指标数据的客观信息进行评价,剔除了人为因素带来的误差。其优点是可用来评价多输入多输出的大系统,并可以利用"窗口"技术找出单元薄弱环节加以改进;缺点是只能表明评价单元的相对发展指标,无法表示出实际发展水平。

(六)人工神经网络(ANN)评价方法

ANN 评价方法是一种交互式评价方法,它可以根据用户期望的输出不断修改指标的权值,直到用户满意为止。ANN 评价方法能够充分考虑评价专家的经验和直觉思维的模式,又能降低综合评价过程中的不确定性因素,能够较好地解决综合评价过程中出现的随机性和模糊性问题。ANN 评价方法具有自适应能力、可容错性,能够处理非线性、非局域性的大型复杂系统。在对学习样本进行训练时,无须考虑输入因子之间的权系数,ANN 通过输出值与期望值之间的误差比较,沿原连接权自动地进行调节和适应,因此该方法体现了因子之间的相互作用。但 ANN 评价方法也存在一些缺点,如需要大量的训练样本,精度不高;评价算法复杂,只能借助计算机进行处理;网络收敛速度慢,影响评价工作效率等。

(七)灰色综合评价法

灰色综合评价法是一种定性分析和定量分析相结合的综合评价方法,这种方法可以较好地解决评价指标难以准确量化和统计的问题,可以排除人为因素带来的影响,使评价结果更加客观准确。该方法整个计算过程简单,通俗易懂,易为人们所掌握;数据不必进行归一化处理,可用原始数据进行直接计算,可靠性强;评价指标体系可以根据具体情况增减;无须大量样本,只要有代表性的少量样本即可。缺点是要求样本数据具有时间序列特性。而且,基于灰色关联系数的综合评价具有相对评价的全部缺点,另外,灰色关联系数的计算还需要确定"分辨率",而它的选择并没有一个合理的标准。

在以上几种方法中,目前最为流行的是人工神经网络评价方法和灰色综合评价法。下面详细介绍神经网络及灰色理论在设备寿命周期费用分析中的应用。

四、神经网络在设备寿命费用分析中的应用

在设备寿命分析过程中,寿命费用与其影响因素之间存在着极其复杂的非线性关系,对这一非线性关系的模拟和识别及全局优化问题还没有得到很好的解决。近几年来,神经网络得到了飞速的发展,已广泛应用于人工智能、自动控制、统计学等领域,特别是BP网络,以其良好的非线性功能、自学习功能等许多优良特性而在很多领域获得了成功应用,已渐渐成为解决此类问题的工具。

人工神经网络是一个并行和分布式的信息处理网络结构。近年较为流行的反向传播(back propagation,BP)神经网络,以其良好的非线性映射能力成为一种应用最广泛的神经网络模型。它在分类、预测、故障诊断和参数检测中具有广泛的应用。BP网络算法的学习过程由正向传播和反向传播组成。标准的BP网络通常由3层神经元组成,最下层为输入层,中间层为隐含层,最上层为输出层,每层由若干神经元组成。各层次之间的神经元形成全互连接,各层次内的神经元之间没有连接。BP神经网络的预测功能是通过误差的反向传播学习算法实现的。其主要思想是:对于 q 个学习样本 $p^1,p^2,\cdots\cdots,p^q$,与其对应的输出样本为 $T^1,T^2,\cdots\cdots,T^q$。学习的目的是用网络的实际输出 $A^1,A^2,\cdots\cdots,A^q$ 与目标矢量 $T^1,T^2,\cdots\cdots,T^q$ 之间的误差来修改其权值,使 $A^l(l=1,2,\cdots\cdots,q)$ 与期望的 T^l 尽可能地接近,即使网络输出层的误差平方和最小。它通过连续不断地相对于误差函数斜率下降方向上,计算网络权和偏差的变化而逼近目标。每一次权值和偏差的变化都与网络误差成正比,并以反向传播的方式传输到每一层。设输入为 P,输入神经元有 r 个,隐含层内有 s_1 个神经元,激活函数为 f_1,输出层内有 s_2 个神经元,对应的激活函数为 f_2,输出为 A,目标矢量为 T,其步骤如下:

(1)隐含层中第 i 个神经元的输出:

$$a_{1i} = f_1(\sum_{j=1}^{r} w_{1ij} p_j + b_{1i}) \quad (i=1,2,\cdots,s_1)$$

(2)输出层中第 k 个神经元的输出:

$$a_{2k} = f_2(\sum_{j=1}^{s_1} w_{2ki} a_{1i} + b_{2k}) \quad (i=1,2,\cdots,s_1)$$

(3)定义误差函数为

$$E(W,B) = \frac{1}{2} \sum_{k=1}^{s_2} \left(t_k - a_{2k}\right)^2$$

(4)用梯度法求输出层的权值变化。

对从第 i 个输入到第 k 个输出的权值变化为

$$\Delta w_{2ki} = -\eta \frac{\partial E}{\partial w_{2ki}} = -\eta \frac{\partial E}{\partial a_{2k}} \cdot \frac{\partial a_{2k}}{\partial w_{2ki}} = \eta(t_k - a_{2k}) f_2 a_{1i} = \eta \delta_{ki} a_{1i}$$

其中

$$\delta_{ki} = (t_k - a_{2k})f_2 = e_k f_2 \ , \ \ e_k = t_k - a_{2k}$$

同理可得：

$$\Delta b_{2ki} = -\eta \frac{\partial E}{\partial b_{2ki}} = -\eta \frac{\partial E}{\partial a_{2k}} \cdot \frac{\partial a_{2k}}{\partial b_{2ki}} = \eta(t_k - a_{2k})f_2 a_{1i} = \eta\delta_{ki}$$

(5)利用梯度法求隐含层的权值变化。

对从第 j 个输入到第 i 个输出的权值变化为

$$\Delta w_{1ij} = -\eta \frac{\partial E}{\partial w_{1ij}} = -\eta \frac{\partial E}{\partial a_{2k}} \cdot \frac{\partial a_{2k}}{\partial a_{1i}} \cdot \frac{\partial a_{1i}}{\partial w_{1ij}} = \eta \sum_{k=1}^{s_2}(t_k - a_{2k}) \cdot f_2 \cdot w_{2ki} \cdot f_1 \cdot p_j$$
$$= \eta \cdot \delta_{ij} \cdot p_j$$

其中

$$\delta_{ij} = e_i \cdot f_1 \ , \ \ e_i = \sum_{k=1}^{s_2}\delta_{ki} \cdot w_{2ki}$$

同理可得：

$$\Delta b_{1i} = \eta\delta_{ij}$$

1.寿命费用分解结构的构成因素

寿命费用可认为是设备从其概念系统方案的形成到设备退役为止,这一寿命剖面的各个事件内所消耗的总费用,即设备在开发、试验、安装、使用、维护一直到最后废弃或退役等过程中的各项费用总和。为了便于对寿命费用进行估算和组织管理。通常按设备类别和系统分析原理进行费用分解。在提出设备在其寿命周期内的费用分解结构时,应准确地估算或预测出在寿命阶段设备的寿命费用,同时对各项费用做出合理评价。根据以往的经验,通常寿命费用分解结构由以下几个方面构成:

1)研究与研制费用

研究与研制费用是指设备的全部技术研究、型号设计、样机和原型机制造、各种试验和鉴定的费用。研究和研制费基本上是固定的且是一次性支付的,与最终该设备的生产量无关。

2)最初投资费用

最初投资费用是工厂最初装备一套设备所花的全部费用,主要包括设备的采购费(含生产费、运输费等)、设施建筑费、人员训练费及首批备件的采购费。 最初投资费用也是一次性支付的。

3)使用保障费用

使用保障费用是一个设备在装备之后,使用过程中所需的全部费用。这些费用包括能源费用、使用费用、维护修理费用等。使用保障费用通常要高于研究与研制费用和最初投资费用。

4)退役费用

退役费用是设备退役或报废时,加以处理所用的费用。与前三类费用相比,退役费用的数额很小。

2.寿命费用预测神经网络模型设计

现在一般不对设备的研究与研制费用、最初投资费用、使用保障费用和退役费用等分别加以管理,而是把这几部分费用结合起来作为寿命费用进行综合管理。为了给设备的寿命分析提供一个参考依据,可以运用神经网络的模型设计方法,对整个设备系统的寿命费用进行综合设计,得出其预测模型。

1)输入输出层的设计

对于设备的寿命费用而言,按照以上的 4 个分解结构就可以把其应用到实际中,但这并没有包括全部费用。在实际使用中,根据影响费用因素的重要程度,可以分为采购费、使用费、维修费、后勤保障费、培训费、技术改进费和退役处理费等,其中包括了主要费用因素。依据 BP 网络的设计特性,不考虑各因素之间的相互影响关系,即各层次内的神经元之间没有连接,可以选其作为输入层,其输入节点数为 7。若输出层为寿命费用,则输出层的节点数为 1。

2)隐含层节点数及选取

隐含层节点选取是一个复杂的问题,节点数太多会导致训练时间过长,误差可能达不到预期的要求。而节点数太少会导致容错性较差,不能识别新的样本。所以隐含层节点数要根据经验来选取,一般的选取方法如下:

$$n_1 = \sqrt{n+m} + a$$

式中:n_1 为隐含层节点的数目;n 为输入层节点数;m 为输出层节点数;a 为 1～10 的常数。

根据上式权衡,可以确定隐含层的最优节点数为 5。

3)初始权值的选取

由于在设备寿命费用预测神经网络模型设计中,费用是呈非线性变化的,因此,初始权值的选取对于模型是否能使所预计的寿命费用最小、是否能够收敛以及训练时间的长短等有重要影响。在模型预测过程中,初始权值太大将使得加权之后的输入和 N 落在网络模型的 s 型激活函数的饱和期中,从而导致 $f'(s)$ 非常小。而在其后计算各个阶段费用的权值修正公式中,因为 δ 正比于 $f'(N)$,当 $f'(N) \to 0$ 时,有 $\delta \to 0$,使得 $\Delta w_{ij} \to 0$,从而使得调节过程几乎停顿不前,不能如期完成对某类设备的寿命费用预测。所以,一般总是希望经过初始加权后的每个费用神经元的输出值都为零,这样才可以保证费用神经元都能够在 s 型函数最大之处进行调节。所以,一般取初始权值在 $(-1,1)$ 内的随机数,对于寿命费用预测中的 2 层网络,为了防止出现局部最小值、不收敛或训练时间过长等情况,可以采用威得罗选定初始权值的策略,选择权值的量级为 $\sqrt[r]{s_1}$,其中,s_1 为第 1 层神经元的数目。利用此法可以在较少的训练次数下得到满意的费用结果。

4)目标值的选取

在设备设计的开始,就应对其寿命费用进行论证。根据支付费用状况,采用多元回归法、参数费用法、类推费用法、外推费用法、估算费用法等来估算此设备的预期费用,作为输出的目标值。设计者依据设备寿命费用目标值来确定期望误差值,并依照精度的要求来选定最大循环次数。

通过以上的分析,可得图 1.2.1 所示的网络结构。

在对此网络进行训练的过程中,先要取一定数量的样本,选定其初始权值进行学习,其输出层的结果即为寿命费用。在寿命费用预测的神经网络模型中,要用各个费用的大量数据进行训练,可以得出最佳的效果,对于各个费用和寿命费用之间的关系不需要做出更多的假设,其分析过程可以从预测模型的自适应学习中获得,从而大大减少了人为的影响,对寿命费用的预测会更高。

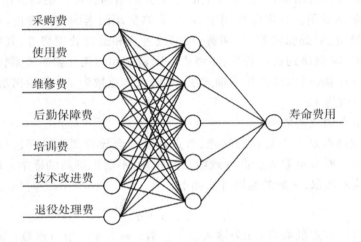

图 1.2.1　寿命费用预测的神经网络模型

五、灰色理论在设备寿命费用分析中的应用

灰色理论主要研究系统模型不明确、行为信息不完全、运行机制不清楚的系统的建模、预测、决策和控制等问题。在研究系统时,该理论能够抓住系统的表征信息,利用关联分析、灰色聚类、灰数生成、灰色建模等信息加工手段,寻求系统的内在规律,用于预测系统未来的发展状态。

(一)设备寿命费用预测指标体系

对设备费用进行预测,必须对设备体系进行分析,同时需要对设备从生产到报废所涉及的各个阶段的费用进行分析,即进行所谓的寿命费用分析。

1.设备寿命费用结构

设备寿命费用是设备在预定的寿命周期内,由设备的论证、研制、生产、使用、维修和保障直至报废所产生的费用之和,包括直接和间接费用、经常性和一次性费用及其他有关费用。设备寿命费用构成可以是多视角的,为了方便分析,根据再生产原理,从资金循环周期看,设备寿命周期全过程可划分为预研、研制、试验、生产、部署、使用和退役处置等阶段,概括为科研、采购和维修三个阶段,以此形成相应的经费构成。

对设备寿命费用进行宏观预测,实质是按照从装备需求到经费需求的思路,确定设备寿命费用宏观预测的指标体系,以指标体系作为预测和分析的依据。

2.设备寿命费用预测指标体系

设备寿命费用预测,既包括费用总量预测,又包括费用结构比例预测,而不同类别的费用结构又是一个相对的费用总量。费用总量和费用结构比例不是一成不变的,有影响其总量和结构比例的因素。影响因素的变化会使费用总量和费用结构比例发生变化。其中主要的因素是价格指数对价格的影响,会引起设备费用的变化。所以对设备寿命费用进行预测分析时,需要从费用总量、费用结构比例和价格指数三个方面进行综合分析,按照这种思路,可以确定设备寿命费用预测的指标体系,如图 1.2.2 所示。

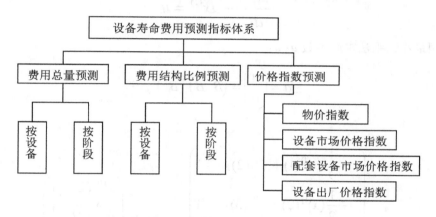

图 1.2.2　设备寿命费用预测指标体系图

（二）设备寿命费用预测方法与模型

1.设备费用预测模型分析

影响设备费用的因素有很多,按照寿命阶段对设备费用进行划分,有科研费用、采购费用、维修费用等。可以把各个影响因素看作自变量,而把总设备费用看作因变量,因为影响因素与设备费用总量间存在内在的、必然的联系,找出其内在规律的目的在于预测未来,能对设备费用的使用进行合理有效的指导。在对因变量(总设备费用)进行预测整合前,首先要对各个影响因素的值及所占比例进行合理预测,只有在此基础上对其内在规律进行整合预测,才能得到合理的总设备费用。

设备的费用分析具有一定的不确定性,主要缺乏有关数据信息和模型信息。对自变量及其结构比例的预测可以利用灰色理论,灰色理论认为,任何随机过程都可看作在一定时空区域内变化的灰色过程,随机量可看作灰色量;另外,无规律的离散时空数列是潜在的有规序列的一种表现,因而通过生成变换可将无规序列变成有规序列。

2.灰色预测模型

1)GM(1,1)模型

可以设 x_1, x_2, $\cdots$, x_p 等确定性变量进行灰色预测,模型分析如下。

GM(1,1)模型是灰色预测的基础,建立 GM(1,1)模型的实质是对原始数据做一次累加生成(1- AGO),使生成的数据序列呈现一定规律,而后通过建立微分方程模型,再做一次累加生成(1–I–AGO),用以对系统进行预测。设有变量序列,$x(1)$, $x(2)$, $\cdots$, $x(n)$,其中:

$$x(k) = \frac{1}{2}(x^{(1)}(k) + x^{(1)}(k-1)) \quad (k = 2,3,\cdots,n)$$

构造一阶线性灰色微分方程:

$$\frac{dx_1^{(1)}}{dt} + ax^{(1)} = u$$

利用最小二乘法求解参数 a, u:

$$\hat{a} = \begin{pmatrix} a \\ u \end{pmatrix} = \left(B^T B\right)^{-1} B^T Y_N$$

式中:

$$B = \begin{pmatrix} -\frac{1}{2}(x^{(1)}(1) + x^{(1)}(2)) & 1 \\ -\frac{1}{2}(x^{(1)}(2) + x^{(1)}(3)) & 1 \\ \vdots & \vdots \\ -\frac{1}{2}(x^{(1)}(n-1) + x^{(1)}(n)) & 1 \end{pmatrix} \quad Y_N = \begin{pmatrix} x^{(0)}(2) & 1 \\ x^{(0)}(3) & 1 \\ \vdots & \vdots \\ x^{(0)}(n) & 1 \end{pmatrix}$$

$x^{(1)}$ 的灰色预测模型为

$$\hat{x}^{(1)}(k+1) = (x^{(0)}(1) - \frac{u}{a})e^{-ak} + \frac{u}{a} \quad (k = 0,1,2.....)$$

再做一次累加生成,得 $x^{(0)}$ 的灰色预测模型为

$$\hat{x}^{(0)}(k+1) = (1 - e^a)(x^{(0)}(1) - \frac{u}{a})e^{-ak} \quad (k = 1,2.....)$$

2)GM(1,1)模型精度检验

灰色模型的精度通常采用后验差方法进行检验,残差为

$$e(k) = x^0(k) - \hat{x}^{(0)}(k) \quad (k = 1,2,\cdots,n)$$

原始数列 $x^{(0)}$ 及残差值数列 e 的方差分别为 s_1^2 和 s_2^2,则

$$s_1^2 = \frac{1}{n}\sum_{k=1}^{n}(x^{(0)}(k)-\bar{x})^2$$

$$s_2^2 = \frac{1}{n}\sum_{k=1}^{n}(e^{(0)}(k)-\bar{e})^2$$

其中

$$\bar{x} = \frac{1}{n}\sum_{k=1}^{n}x^{(0)}(k), \quad \bar{e} = \frac{1}{n}\sum_{k=1}^{n}e(k)$$

残差比值和小误差概率为

$$c = \frac{s_2}{s_1}$$

$$p = p\left\{|e(k)| - \bar{e}\langle 0.6745 s_1\right\}$$

模型的精度由 c 和 p 共同刻画,一般划分为四级,如表 1.2.1 所示。

表 1.2.1　模型精度等级

模型精度等级	p	c
1 级(好)	$p \geqslant 0.95$	$c \leqslant 0.35$
2 级(及格)	$0.85 \leqslant p < 0.95$	$0.35 < c \leqslant 0.50$
3 级(勉强)	$0.7 \leqslant p < 0.85$	$0.50 < c \leqslant 0.65$
4 级(不合格)	$p < 0.7$	$c > 0.65$

第三节　烟草行业设备寿命周期管理

一、行业设备寿命周期管理基本要求

我国烟草行业实行统一领导、垂直管理、专卖专营的管理体制。国家烟草专卖局与中国烟草总公司(简称国家局、总公司)一套机构、两块牌子,对全国烟草行业"人、财、物、产、供、销、内、外、贸"进行集中统一管理。中国烟草机械集团有限责任公司(简称中烟机)被国家烟草专卖局授权对全国烟草专用机械的生产经营实行集中统一管理,授权行使烟草行业设备管理职能。

为加强烟草行业的设备管理工作,提高技术装备和管理的现代化水平,充分发挥设备资源为烟草行业发展提供支撑和保障的基础作用,中烟机发布了《中国烟草总公司设备管理办法》,这是行业设备管理领域的纲领性文件,对行业设备管理各个方面(包括设备寿命周期管理,文中称为"全生命周期管理")提出了基本要求。

文件指出,总公司将持续推进设备管理体系的建设和完善,各直属公司及基层企业要按照建立现代企业制度的要求,建立适应行业发展需要的设备管理体系,从组织、经济、技术等方面采取措施,将设备的实物形态管理和价值形态管理相结合,对设备生命周期的全过程进行综合管理。

设备管理遵循依靠技术进步、以人为本、促进经济发展、预防为主、保障安全、保护环境和节能降耗的方针,紧密围绕行业改革、发展的中心工作,坚持设计、制造、规划、采购与使用相结合,维护与检修相结合,修理、改造与更新相结合,专业管理与全员管理相结合,技术管理与经济管理相结合,全生命周期管理与重点阶段管理相结合的原则,对行业企业设备进行分级、分类管理。

设备管理要做到统筹计划,合理配置,正确使用,精心维护,科学检修,适时更新和改造,提高行业技术装备水平,实现设备寿命周期费用经济、综合效能优化,保证设备资产取得良好的投资效益和社会效益。

文件指出,鼓励并支持设备工程技术和管理技术方面的研究、创新和实践,积极推广应用现代设备管理方法和科学技术成果。企业要加强设备生命周期全过程的技术、经济管理,在设备管理全过程的各个环节,开展技术和经济分析、评价工作,论证设备投入、材料、使用、维修和技术等要素的综合效果。

行业设备管理办法在总结和归纳行业设备管理经验和做法的基础上,结合行业特点及发展要求,明确了我国烟草行业设备管理的基本模式,也提出了行业设备寿命周期管理基本要求。

二、卷烟工业企业设备管理绩效评价

为进一步提升行业设备管理水平,建立健全行业设备管理体系,引导卷烟工业企业加强设备绩效管理,运用先进管理技术,创新管理方法,推进设备管理精益化,更好地为"卷烟上水平"提供技术装备支撑和保障,依据《中国烟草总公司设备管理办法》,中国烟草总公司发布《卷烟工业企业设备管理绩效评价体系(试行)》(简称绩效评价体系)及试运行方案。通过对行业设备管理绩效指标的核算、汇总、发布,引导卷烟工业企业自觉开展指标比对,明确设备管理水平定位,认识差距,分析原因,寻找办法,制订措施,改进提高,形成提升设备管理绩效的良性循环。通过设备管理绩效评价工作的持续开展和重点评价指标的适时调整,引导卷烟工业企业围绕行业发展要求和设备管理工作重心,有针对性地开展设备管理工作。

绩效评价体系主要由设备管理绩效指标库、评价方法组成,以行业设备管理信息系统为数据采集和处理平台,实现指标数据的收集、汇总、核算和综合展现,形成设备管理绩效评价工作的完整体系。

设备管理绩效评价指标分为七类:设备效能类、设备运行状态类、设备维持成本类、质量类、原料消耗类、辅料消耗类、设备新度类。根据设备管理精益化需要,设备管理绩效评价指标可分解到设备类型或机型。

同时,《卷烟工业企业设备管理绩效评价体系试运行方案》按照突出重点、分类指导的原则,从体系指标库中选取了10项试运行评价指标,要求各省级工业公司和卷烟厂开展基础数据收集和核算工作,设备管理绩效指标纵向对比,定期发布年度行业设备管理绩效评价,引导各省级工业公司和卷烟厂开展设备管理绩效评价工作。

经过试运行,基于卷烟工业企业设备管理绩效评价体系,由中国烟草机械集团有限责任公司等负责组织和编写的行业标准《卷烟工业企业设备管理绩效评价方法》(YC/T 579—2019)于2019年5月14日颁布。标准适用于总公司、省级工业公司、卷烟厂、车间、机台设备管理绩效评价。该标准的主要内容包括三个部分:

第一部分是卷烟工业企业设备管理绩效评价指标库,包括设备效能类、设备运行状态类、设备成本类、产品质量类、原料消耗类、辅料耗损类、能源消耗类、设备新度类、过程管理类等九大类指标,每一大类指标又包含多个不同的指标,对每个指标定义了具体的应用范围、统计口径及计算方法(见表1.3.1)。

表 1.3.1　设备管理绩效评价指标分类

指标类型	指标名称	
设备效能类	设备投入产出率	设备产能贡献率
	设备资产贡献度	设备时间利用率
设备运行状态类	设备运行效率	平均故障维修时间
	设备开动率	设备故障停机率
	台时产量	设备事故停机率
	平均换牌时间	设备完好率
	平均故障间隔时间	设备综合效率
设备成本类	单位产量设备维持费用	单位产值设备支出费用
	单位产量设备消耗费用	单位产值备件消耗费用
	单位产量设备支出费用	设备资产维持费用率
	单位产量备件消耗费用	委外维修费用比率
	单位产值设备维持费用	备件资金占用率
	单位产值设备消耗费用	备件资金周转率

指标类型	指标名称	
产品质量类	物料流量变异系数	烟支吸阻检验合格率
	切叶（梗）丝合格率	烟支空头检验合格率
	烘丝机出口水分偏差平均值	烟支长度检验合格率
	烘丝机出口水分标准偏差检验合格率	烟支重量标准偏差检验合格率
	残次品率	烟支单支克重偏差平均值
	成品率	烟支重量标准偏差平均值
	烟支圆周检验合格率	
原料消耗类	万支卷烟原料消耗	万支卷烟烟丝消耗
材料损耗类	卷烟纸损耗率	小盒商标纸损耗率
	滤棒损耗率	条盒商标纸损耗率
能源消耗类	万支卷烟综合能耗	万元工业增加值综合能耗
	万元产值综合能耗	
设备新度类	设备新度系数	设备资产更新系数
	设备平均役龄	
过程管理类	改进及创新百人项目数	维修计划执行率
	维保作业执行率	计划维修率

第二部分是卷烟工业企业设备管理绩效评价方法，包括指标选择、基础数据管理、指标核算、绩效分析与应用等，明确行业设备管理绩效评价工作的重点在于评价和引导，而非考核，企业设备管理绩效评价工作的重点是开展自觉比对、持续提升设备管理绩效。

第三部分是卷烟工业企业设备综合绩效计算方法。按照行业设备管理精益化指导意见"设备管理应追求设备综合效能最大化，而非片面地追求单个绩效指标的最优"的要求，研究确定设备综合绩效指标的计算方法，指导卷烟工业企业全面综合评价设备管理水平。

该标准建立了一套能广泛应用于行业卷烟工业企业设备管理绩效评价的方法，能够科学、全面和客观地反映设备管理绩效，为开展设备寿命周期管理提供量化评价指标体系。

三、河南中烟设备寿命周期管理

（一）河南中烟基本概况

河南中烟工业有限责任公司（简称河南中烟）成立于 2004 年，下辖黄金叶生产制造中心、许昌卷烟厂、安阳卷烟厂、南阳卷烟厂、驻马店卷烟厂、漯河卷烟厂、洛阳卷烟厂7 家卷烟厂,1 家烟草薄片公司,1 个行业级技术中心,1 个博士后科研工作站,2 个行业重点实验室,以及香精香料公司等 4 家多元化投资企业。河南中烟组织架构如图 1.3.1 所示。主业在岗职工 8500 余人,离退休和内退职工 1.2 万余人,资产总额近 400 亿元。2020 年公司实现税利 355 亿元,工业增加值 424 亿元,黄金叶品牌商业销量 219 万箱、销售额 696 亿元。

结合企业发展战略,河南中烟采用一体化设备管控模式,建立公司、卷烟厂两级设备管理模式和运行机制,公司总体控制,卷烟厂具体实施,分级管理,各司其职。按照公司一体化管控模式,建立两级设备管理制度体系,统一管理流程及技术标准,统筹资源,明确职责,合理授权,分工负责,形成"集团化管控、一体化运作"管控模式,为企业生产运营提供基础装备支撑。

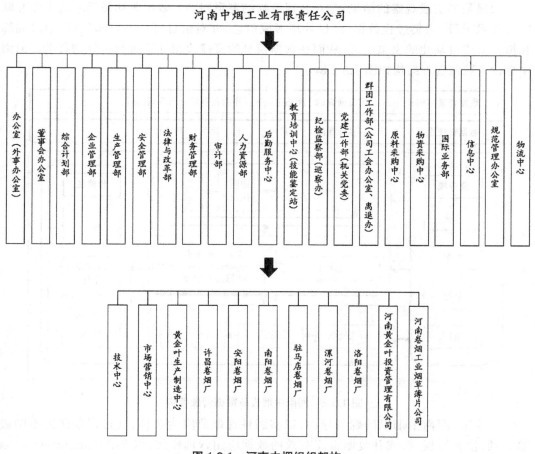

图 1.3.1 河南中烟组织架构

(二)河南中烟设备寿命周期管理情况

作为现代工业企业,做好寿命周期管理始终是河南中烟设备管理的指导原则和重要任务,公司从组织、经济、技术等方面采取措施,结合实物形态管理和价值形态管理,对设备寿命周期的全过程进行综合、系统管理。多年来,公司一直坚持投资与使用相结合、维护与检修相结合、改造与更新相结合、专业管理与全员管理相结合、技术管理与经济管理相结合、全生命周期管理与重点阶段管理相结合的原则,实现设备寿命周期费用经济、综合效能优化,保证企业资产取得良好的经济效益和社会效益。

行业精益管理指出,设备管理要实现"三个转变",即从传统经验管理向现代科学管理转变,从只关注设备阶段性的技术管理向技术、经济相结合的全面综合管理转变,从满足单个企业的设备保障管理向满足集团企业多点管控的生产规范化与产品质量标准化的设备管理转变,以先进技术支撑设备管理精益化。设备管理精益化的目标是实现"三个可控",即"设备状态可控、管理过程可控、经济成本可控"。

以数据驱动设备寿命周期管理精益化,支撑企业高质量发展,是河南中烟近年来设备管理工作的重要抓手。

数据是事实或观察的结果,是对客观事物的逻辑归纳。数据驱动是指通过工业互联网等技术手段,采集过程数据,经过处理形成信息,并对信息进行整合和提炼,通过训练和拟合形成自动化的决策模型,从而在数据模型的支撑或指导下进行科学的行动。河南中烟设备数据管理架构如图 1.3.2 所示。

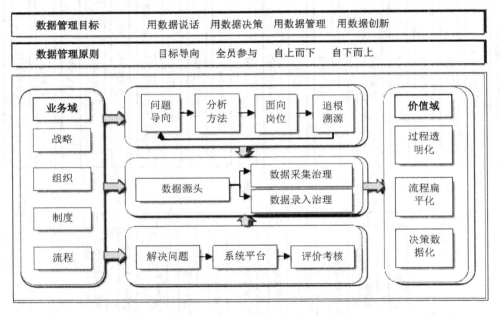

图 1.3.2　河南中烟设备数据管理架构

近年来,河南中烟以问题为导向,以实践性课题研究为载体,通过课题研究不断破除瓶颈,拉长短板,形成并复制推广有效的数据应用管理模式,以 EAM(equipment asset management,装备资产管理系统)等信息系统为依托,建立健全基于数据驱动的卷烟厂设备寿命周期管理体系。制造中心设备寿命周期管理体系如图 1.3.3 所示。

公司和工厂一体化设备管理和技术标准体系涵盖设备前期管理、运行维修管理、改造处置管理的全寿命周期阶段,通过持续完善升级,实现流程顺畅、责任明确、分工合理,不断提升一体化制度驱动水平。

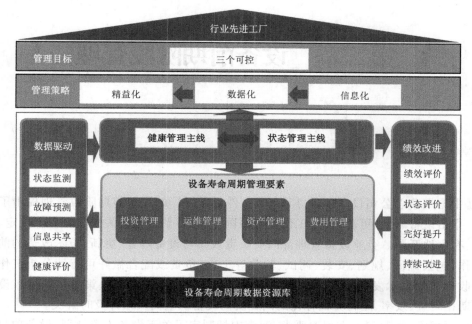

图 1.3.3 设备寿命周期管理体系

本书将以河南中烟黄金叶生产制造中心（简称制造中心）为例，介绍卷烟厂的设备寿命周期管理开展情况。

第二章 设备前期阶段管理

《中国烟草总公司设备管理办法》等文件对卷烟厂的设备前期阶段管理提出了基本要求,指出设备购置、更新、改造工作要按照国家、行业及地方有关法律、法规、规定、要求规范、有序地开展。企业设备管理部门要负责或参与设备购置、更新、技术改造的前期管理工作,包括调研、规划、安装、调试、验收等工作,负责或配合做好可行性分析工作。企业要收集设备技术发展和设备使用的信息,为设备选型、改造等决策提供依据。设备使用初期在质量、效率、运行方面存在的问题要向设备供应商反馈并及时解决。

按照国家、行业和地方相关要求,河南中烟制定了关于设备投资计划、设备项目实施和设备安装调试等方面的管理程序及制度,制造中心等卷烟厂按照流程和制度要求实施相关设备前期管理工作。

第一节 投资计划管理

一、投资规划

投资规划是用来指导企业编制年度投资计划的文件。国家局(总公司)定期制定烟草行业五年期投资规划,用于指引行业投资方向和重点。河南中烟根据烟草行业发展规划、投资指导政策及公司中长期发展规划和战略,组织编制公司投资规划或投资指导意见,经公司党组会、总经理办公会审核,董事会管理委员会与董事会审议后上报国家局(总公司)。年度投资计划应符合公司整体发展规划、投资规划及生产经营需要。

同时,烟草行业的投资项目实行负面清单方式管理。负面清单内的投资项目,须经清单制定单位批准后方可实施。不在负面清单内的投资项目,由投资主体按照国家法律法规、企业章程自主决策。

(1)行业负面清单项目包括:

涉及烟草制品产能的投资项目。

烟用二醋酸纤维素及丝束涉及产能的投资。

烟草专用机械购置项目。

限额以上主业投资。卷烟厂投资额 1 亿元（含）以上的不涉及产能的投资项目、投资额 3000 万元（含）以上的信息化项目（不含生产及物流所需的控制、安全等基础信息设施建设）、投资额在 1000 万元（含）以上的购买、建设经营业务用房项目。

国家局（总公司）规定需上报审批的境外投资和利用外资等其他投资项目。

（2）公司负面清单项目包括：500 万元（含）以上的固定资产投资项目（不含大项修）、100 万元（含）以上的信息化项目且不属于行业负面清单的项目。

各类固定资产投资项目释义如表 2.1.1 所示。

表 2.1.1 各类固定资产投资项目释义

序号	项目类别	项目释义
1	整体技改	生产企业或物流配送中心对总平面布局以及生产工房、工艺设备、公用动力设施、仓储设施等多项内容进行调整和建设的原地或易地技术改造项目
2	局部技改	生产企业或物流配送中心对工艺设备、信息化系统、动力设施、生产辅助设施或室外工程等内容进行局部调整更新的项目
3	生产设施	生产企业或物流配送中心生产厂房（含土建装饰、给排水、消防、空调、除尘、排潮、通风、照明等）的新建、扩建和更新改造项目
4	工艺设备	生产企业或物流配送中心工艺设备的购置和更新改造项目。工艺设备分为烟草专用机械和非烟草专用机械
5	辅助生产设施	变配电、原料、辅料和成品周转库、垃圾站、污废水处理站等的新建或改扩建项目
6	公用动力设备	公用动力中心（含动力设备和动力管线）新建和改造项目
7	科研教育设施	工商企业的技术中心用房、实验室、实验线以及教育培训等设施的建设项目
8	经营业务用房	经营管理、生产指挥、综合办公用房建设和购置项目
9	烟叶仓储设施	原烟存储、片烟醇化库房等的建设和改造项目
10	烟叶工作站	在国家下达烟叶收购计划的地区，为组织烟叶生产、烟叶收购、物资供应、培训指导、技术服务而建设的基础设施项目
11	后勤保障设施	职工食堂、车库、浴室、厂区景观、绿化等设施的建设和改造项目
12	重大投资项目	投资额1亿元以上的卷烟物流配送中心、烟叶工作站、经营业务用房、后勤保障设施、仓储设施等的建设或购置项目；投资额2亿元以上的烟草专卖品生产企业（卷烟厂、复烤厂、再造烟叶厂、雪茄烟厂、烟机厂、烟用丝束厂、滤嘴棒厂、卷烟纸厂）的技术改造项目；投资额5000万元以上的信息化投资项目；投资额3000万元以上的多元化投资项目；投资额500万美元以上的境外投资项目及利用外资项目
13	多元化投资项目	烟草行业各单位以货币或非货币资产投资于除《中华人民共和国烟草专卖法》规定的烟草专卖品（不含卷烟纸）以外的产业和产品，形成资产或权益的投资行为
14	境外投资项目	以现金、实物、技术、专利、管理等方式在境外（包括香港、澳门特别行政区）设立独资、合资、合作企业及代表处（办事处）等的投资行为

续表

序号	项目类别	项目释义
15	利用外资项目	在中国境内外以中外合资或中外合作等方式进行投资的项目
16	烟草主业企业间股权投资项目	烟草行业内主业企业之间相互参股或股权投资项目

二、投资计划

（一）项目库

投资项目包括技术改造、基本建设、设备购置、设备改造、设备大修、设备项修、信息化投资等项目,其年度计划按照项目库管理流程执行。设备采购项目、费用项目参照投资项目申报流程上报年度计划,但通用设备采购项目、费用项目不纳入投资项目库管理。

项目实施单位根据实际需求编制投资项目报告(需求),包括需求背景或必要性分析、项目内容、可行性分析、投资估算、进度安排、预期效果等。

投资项目报告(需求)编制完成后,项目所在单位应按程序组织项目初评。通过初评后,需要进行入库复审的,由投资项目主管部门自行组织。各卷烟厂提出的项目,由卷烟厂归口管理部门组织相关专业人员进行评审,提出评审意见(必要时开展专题调研、考察、论证)。公司信息中心组织专家对各卷烟厂的投资类信息化项目进行复审,其他投资项目由公司生产制造部进行复审。

项目通过初评、复审后,由卷烟厂负责按照投资项目库管理办法要求,在公司项目管理信息系统中进行项目入库。项目入库时,应征求财务部门意见,确认每个项目的财务属性,并录入系统。公司统一安排项目,根据公司正式文件或会议纪要,由项目实施单位直接在公司"项目管理信息系统"中进行项目入库,不再组织初评。国家局(总公司)组织的统一招标设备采购项目直接在公司"项目管理信息系统"入库。

（二）年度投资计划

各卷烟厂根据实际情况,按照投资项目库管理办法要求,从项目库中选取项目,编制年度投资计划,形成年度固定资产投资计划申请表(见表2.1.2),经本单位三项工作管理委员会或厂长(总经理)办公会研究同意后,于每年9月20日前以正式文件报公司,由公司归口管理部门组织对归口项目进行审核。

归口审核意见经主管领导审核同意后,提交生产管理部复核汇总,形成次年度投资项目计划,分别提交公司党组会、总经理办公会、董事会管理委员会审核后,由董事会进行审议。根据董事会意见,由归口管理部门对投资计划进行修订完善,由生产管理部通过行业投资管理信息系统将年度投资计划报送国家局(总公司)。生产管理部根据董事会审批意见,下发投资计划。

各卷烟厂接受投资计划并进行任务分解,确定项目负责人,组织项目立项,启动项目实施。投资计划管理流程如图2.1.1所示。

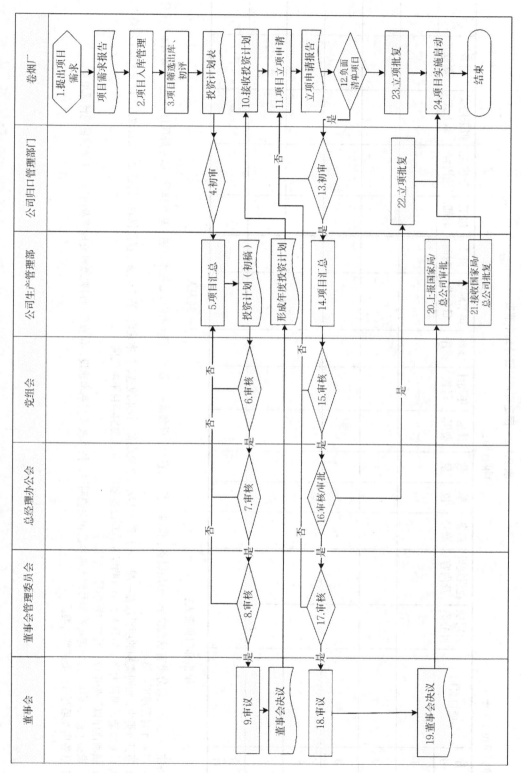

图 2.1.1 投资计划管理流程图

表2.1.2 固定资产投资计划申请表

填报单位（盖章）

填报日期：

序号	项目名称	公司项目分类	建设规模及内容	设备型号	单位	数量	计划费用	年预计付款	强制排序	国家局项目分类	开工时间	竣工时间	年度实施内容	拟采用实施方式	财务属性	备注
1																
2																
3																
4																
5																
合计																

填报部门负责人：　　　　　　　　制表人：

备注：1. 公司项目分类有烟机设备、通用设备、仪器仪表、信息化、设备大修（项修）、技术改造、基本建设。国家局分类有烟机设备、通用设备、仪器仪表、信息化、设备大修（项修）、设备改造、技术改造、基本建设。国家局项目分类，仅属国家局（总公司）计划管理项目填写。

2. 项目分类中，相同类别的项目放在一起，从上到下依次为烟机设备、通用设备、仪器仪表、信息化、设备改造、设备大修（项修）、基本建设。

3. 设备改造、项目大修（项修），烟机购置等填写设备型号，其他类别项目不填此项。

4. 强制排序以厂为单位，所有类别项目一起排序。

5. 设备大修（项修）将固定资产编号列入内容及相关说明栏，技术改造与基本建设、信息化项目要填报投资规模及内容，其他项目视情况填写。

6. 财务属性填写资产类或费用类。

（三）投资计划调整

投资计划调整包括新增项目、调整项目、取消项目以及相应付款计划调整。投资计划调整流程如图 2.1.2 所示。

根据各卷烟厂实际需求，涉及生产、质量、安全等问题的急需、必需项目，可申请适当新增投资项目计划。卷烟厂以正式文件形式，于 6 月 15 日前报送当年投资计划调整申请。

新增项目要按照投资项目库管理办法的要求，实施项目入库、出库，形成投资项目调整计划。公司各部门签报经公司主管领导审核同意后，提交归口管理部门；归口管理部门审核结果，经公司主管领导审核同意后，提交生产管理部。由生产管理部按照程序提交审批及下发。

拟取消项目计划由公司归口管理部门初审，生产管理部汇总，报公司董事会管理委员会审核同意后，实施项目终止，同时报董事会备案。

在公司年度预算额度内的，各卷烟厂根据项目进展情况调整项目付款额度与进度计划，公司生产管理部、信息中心等归口管理部门按照卷烟厂上报的调整计划，在项目管理信息系统中对项目付款计划进行调整。

超出公司年度预算额度的，由生产管理部报公司总经理办公会或董事会管理委员会审核后，提交财务管理部按程序调整预算。

对于年度投资计划项目中，已完成立项审批或采购，但未实施完毕的项目，卷烟厂审核后，于 10 月 15 日前在"项目管理信息系统"中完成项目结转计划编制。公司所有需结转的投资项目经生产管理部整理后，纳入次年度投资计划上报公司审核。

第二节　项目实施管理

一、费用项目

年度投资计划项目分为费用项目、设备采购项目和投资项目。本节的费用项目是指设备大（项）修及技术改造等列入费用管理且不形成固定资产的项目。费用项目实施流程如图 2.2.1 至图 2.2.4 所示，费用项目全流程管理要点如表 2.2.1 所示。

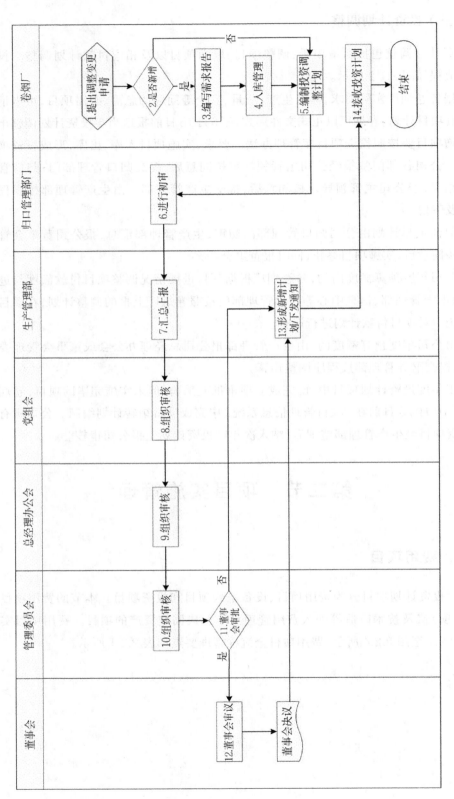

图 2.1.2 投资计划调整流程图

卷烟厂	1.提出调整变更申请 → 2.是否新增 →(是)3.编写需求报告 → 4.入库管理 → 5.编制投资调整计划 →(否循环) 14.接收投资计划 → 结束
归口管理部门	6.进行初审
生产管理部	7.汇总上报 / 13.形成新增计划下发通知
党组会	8.组织审核
总经理办公会	9.组织审核
管理委员会	10.组织审核 → 11.董事会审批 (否)
董事会	12.董事会审议 → 董事会决议

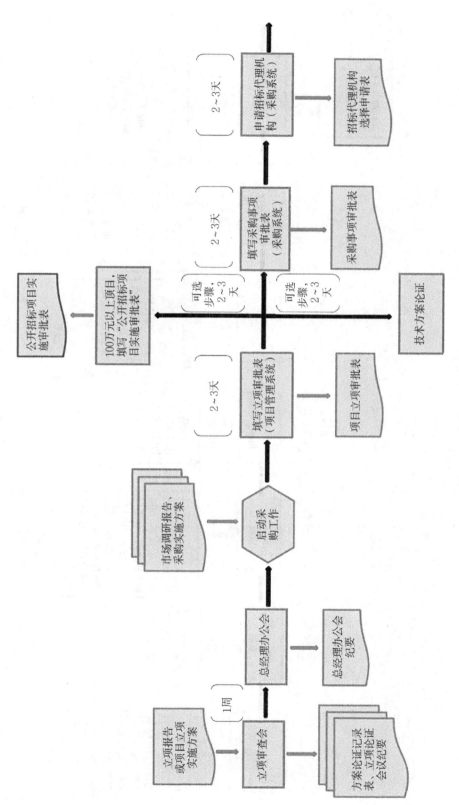

图 2.2.1 费用项目实施流程 1

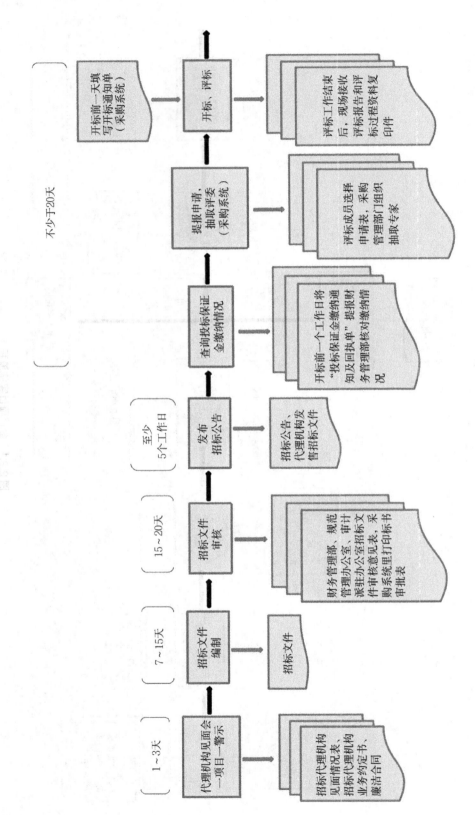

图 2.2.2 费用项目实施流程 2

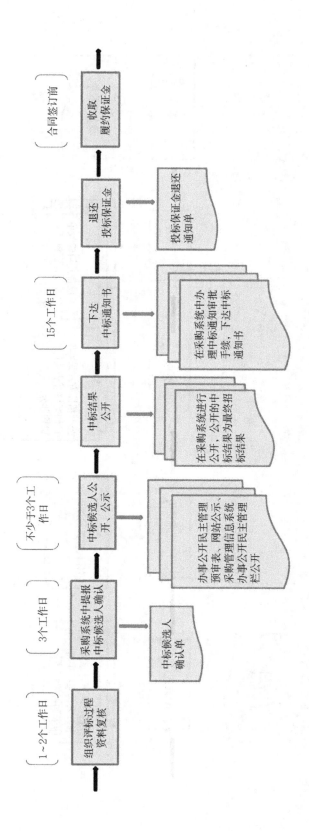

图 2.2.3 费用项目实施流程 3

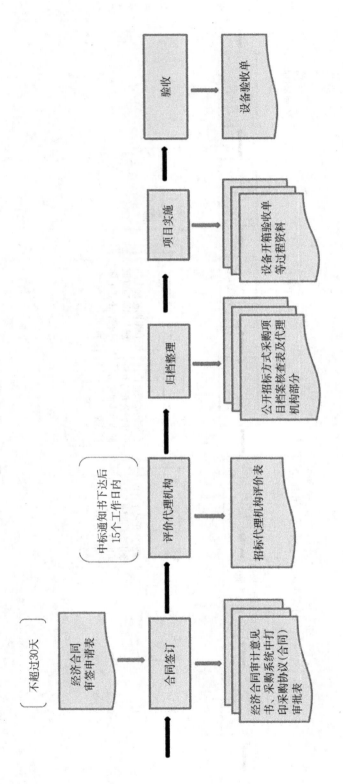

图 2.2.4 费用项目实施流程 4

表 2.2.1 费用项目全流程管理要点

序号	输入资料、条件	节点任务	输出资料	时间节点要求	责任部门及人员
1	需求部门的工作实际需求和规划	提出项目需求	形成项目申请报告（达到立项深度）	每季度	项目需求部门
2	项目申请报告	需求部门初审	初审意见（经部门负责人、分管领导同意签字）	每季度	归口管理部门
3	项目申请报告	归口部门组织项目评审	评审结论	每季度	归口管理部门
4	项目通过评审后修改申请报告	完善申请报告	申请报告	每季度	项目需求部门
5	报总经理办公会	总经理办公会审批	总经理办公会会议纪要	每季度	设备管理部
6	项目已经总经理办公会审议通过	项目入库	项目管理系统入库审批	每季度	项目需求部门、各归口管理部门
7	项目通过入库评审	项目出库	形成拟提报设备采购项目计划	9月份	设备管理部
8	费用项目投资计划已形成	总经理办公会或三项工作管理委员会研究	总经理办公会或三项工作管理委员会会议纪要	9月份	设备管理部
9	会后形成年度费用项目计划表	红文上报公司	红文请示	9月20日前	设备管理部
10	费用项目批复计划	接收公司批复计划	根据计划进行任务分解，指定项目负责人、项目实施负责人	来年1月	各归口管理部门
11	根据费用项目计划批复意见	下达立项批复函	立项批复函	来年1月	各归口管理部门
12		项目管理系统立项、编制计划、季度预算	系统录入	来年2月	项目实施部门
13	原则上进行3家市场调研	开展采购工作，进行市场调研	形成书面市场调研报告	项目实施审批前完成	项目实施部门、项目需求部门
14		编制采购方案	实施方案编制完成后，须经采购项目负责人签字确认，报采购管理部门备案	2~3个工作日	项目实施部门、项目实施负责人

序号	输入资料、条件	节点任务	输出资料	时间节点要求	责任部门及人员
15	预算金额100万元以上的公开招标项目启动前	实施采购审批	填写"公开招标项目实施审批表",经部门负责人、分管业务领导、分管规范领导和主要领导审批后,可启动采购流程	2～3个工作日	项目实施部门、项目实施负责人
16		履行审批备案程序	在采购管理信息系统中填写"采购事项审批表",在采购系统中定制各流程节点完成时间	2～4个工作日	项目实施部门、项目实施负责人
17		确定招标代理机构	在采购管理信息系统中提报"招标代理机构选择申请表"		项目实施部门、项目实施负责人
18		召开见面会、签订代理协议	填报"招标代理机构见面情况表",与招标代理机构签订"招标代理机构业务约定书"和"廉洁合同"	1～3个工作日	项目实施部门、项目实施负责人
19		一项目一警示。重大项目（500万元以上（含）工程和服务,1000万元以上（含）物资项目）具体时间与纪检部门沟通,实施部门、需求部门、规范办、纪检、主管领导参加	招标采购"一项目一警示"教育记录表	见面会后,发招标公告前	项目实施部门、项目实施负责人、招标代理、项目需求部门等
20		招标文件编制（内容严格保密）	招标文件	5～10个工作日	招标代理机构、项目实施部门、项目实施负责人
21	招标文件	招标文件审核	在采购管理信息系统中填写提交"招标（谈判/询价文件）审批表";重大项目〔500万元及以上（含）物资和服务采购项目、1000万元及以上（含）工程投资项目〕或存在争议的项目,以及项目实施部门认为有必要集中评审的项目,由项目实施部门填写"招标（采购）文件集中评审申请表",规范办组织办公室（法制办）、财务管理部、审计派驻办、业务实施部门等会审部门进行集中评审		财务管理部、规范管理办公室、审计派驻办公室、项目实施负责人

续表

序号	输入资料、条件	节点任务	输出资料	时间节点要求	责任部门及人员
22	招标公告文档	发布招标公告（不同媒介上发布的公告内容不得存在差异，各网站发布时间要在同一天，时间不少于5个工作日，河南中烟外网、制造中心内网发布联系规范办采购管理人员办理）	在"中国招标投标公共服务平台""河南省电子招标投标公共服务平台"或"河南招标采购综合网"发布公告，并在国家局网站、河南中烟外网、制造中心内部网站等有关媒介上同步发布招标公告	至少5个工作日	招标代理机构、项目实施部门、项目实施负责人
23		监督投标人报名情况	开标前，对代理机构接受投标人报名情况进行监督，并对公开招标项目投标资格审查进行复审，填写"公开招标项目投标资格审查表"	开标前	项目实施部门、项目实施负责人
24		查询投标保证金缴纳情况，开标时间前24小时内查询。开标前将确认、盖章的"投标保证金缴纳通知及回执单"交招标代理机构，经评标委员会审核后，由招标代理机构汇总归档并转交项目实施负责人	开标前由招标代理机构填写"投标保证金缴纳通知及回执单"，向采购项目负责人或采购项目实施负责人反馈应缴纳投标保证金信息。项目实施负责人对"投标保证金缴纳通知及回执单"相关信息进行核对，确认无误后于开标前一个工作日报财务管理部。财务管理部应在接收当日查询并确认实际缴纳的单位名称、交款账户、缴纳金额、缴纳时间等信息，加盖部门公章，并当日反馈项目实施负责人。采购项目实施负责人对财务管理部查询反馈的"投标保证金缴纳通知及回执单"与项目应收情况进行核对，并加盖部门公章	开标前一个工作日	招标代理机构、财务管理部、项目实施负责人
25	在采购管理信息系统中填写开标通知单	组织开标	审批完成的开标通知单	开标前一天	项目实施部门、项目实施负责人
26	在采购管理信息系统中提报"评标委员会成员选择申请表"	评委会成员确定。评标成员须在采购监督部门的监督下，由采购管理部门组织，从制造中心评标成员库中随机抽取，人数不超过评标委员会总人数的三分之一	评标委员会成员选择申请表	开标当天	项目实施负责人、规范办

序号	输入资料、条件	节点任务	输出资料	时间节点要求	责任部门及人员
27		开标、评标。开标过程资料按要求签字确认	评标工作结束后，现场接收评标报告和评标过程资料复印件	开标当天	项目实施部门、项目实施负责人
28	评标过程资料及评标报告	组织评标过程资料核查（注意保密，评分情况严禁对外透漏；发现问题及时与规范办沟通）	评标工作结束后采购项目实施部门及时组织相关人员对评标过程资料进行复核，主要核查评委个人评分表、评委汇总评分表、评标报告等内容的准确性，一致性，并填写评标情况核查表	2个工作日	项目实施部门、项目实施负责人
29	中标候选人公示	中标候选人确认。评标资料核查无误后，项目实施部门原则上要在收到评标报告后3个工作日内提报"中标候选人确认单"	填写办事公开民主管理预审表，采购信息系统中提报"中标候选人确认单"，网站公示评标结果，确认中标候选人	不少于3个工作日	项目实施部门、项目实施负责人
30	异议	异议处理。中标候选人公示期内，投标人或者其他利害关系人如对招标结果提出异议，由规范管理办公室按照相关规定进行处理。相关部门、招标代理机构做好配合。在做出答复前，应当暂停招标投标活动	处理意见		规范办、招标代理机构、项目实施部门、项目实施负责人
31	中标结果	中标结果公开。中标候选人公示期内无异议，或异议不成立的，进行中标结果公开	中标结果网站公示，填写采购管理信息系统中标人确认单，公开的中标结果为最终招标结果	1～3个工作日	项目实施部门、项目实施负责人
32	中标通知书	下达中标通知书。采用工程量清单招标的施工项目，须完成清标或回标分析并经拟中标单位确认后，再下达中标通知书	在采购管理信息系统中办理审批手续，督促招标代理机构按时下达中标通知书	15个工作日内	项目实施部门、项目实施负责人

序号	输入资料、条件	节点任务	输出资料	时间节点要求	责任部门及人员
33		履约保证金收取。履约保证金不得超过中标合同金额的10%，一般按中标合同金额的5%收取。缴纳金额与方式按招标文件要求进行	到账回执单	合同签订前缴纳履约保证金	项目实施部门、项目实施负责人
34	经济合同审签申请表、合同初稿	合同审批、签订	经济合同审计意见书，在采购系统中打印采购协议（合同）审批表、正式合同	下达中标通知书后30日内完成合同签订	审计、财务、规范办、实施部门、项目实施负责人
35	招标代理机构向采购项目实施负责人提交"投标保证金退还通知单"，核对相关信息	退还投标保证金	履行审批程序后报财务管理部退还	招标完成的项目，应在评标结束后1个工作日内提交；废标、取消的项目，应在发布相关公告之日提交	招标代理机构、项目实施部门、项目实施负责人
36		评价代理机构	填写"招标代理机构评价表"并报采购管理部门；评价不合格的须说明扣分原因，必要时提供证明资料	中标通知书下达后15个工作日内	实施部门、项目实施负责人
37	档案资料	归档整理	公开招标方式采购项目档案核查表及代理机构部分（两个表）		实施部门、项目实施负责人
38	过程中收集的资料	项目实施	项目实施过程资料		实施部门、项目实施负责人
39		验收	设备验收单（需要将合同中的重要指标、参数等列入验收单中），参照《设备大（项）修及改造项目管理办法》进行验收		实施部门、项目实施负责人

二、设备采购项目

本节的设备采购项目是指购置单台或多台能独立行使其功能并形成资产的项目(技术改造项目除外),包括烟草专业机械采购项目和通用设备采购项目。

烟草专用机械采购项目是指采购国家烟草专卖局颁布的《烟草专用机械名录》中规定的烟机整机的项目,即在烟草原料及有关辅料的生产加工过程中,完成某项或多项特定加工工序,可独立操作的设备,简称"烟机设备"。通用设备采购项目是指购置单台或多台能独立行使其功能并形成资产的项目(技术改造项目除外),主要包含非烟草专用机械、办公设备、车辆、仪器仪表、工具(系统)软件等单纯资产购置项目。

项目实施单位接到公司项目计划批复文件后,对项目计划进行分解,将项目进度计划录入项目管理信息系统,编制项目实施计划,并明确项目负责人。

对于烟草专用机械采购项目,项目实施单位按照《烟草专用机械购置和出售及转让审批管理办法》的要求编制立项申请报告,由项目所在单位厂长(总经理)办公会审核后,以正式文件形式上报申请。申请应包含如下内容:申请购置卷烟厂的基本情况,重点说明生产经营状况、同类设备的配备运行状况等;购置理由;烟草专用机械购置申请表,列明设备名称、型号规格、制造企业、数量、购置费用总额估算;申请购置卷烟厂在购置新设备的同时,应按照国家烟草专卖局核准的企业生产能力和烟草加工业技术装备政策淘汰同等生产能力旧设备,填写"拟淘汰烟草专用机械明细表",不淘汰旧设备的,应说明理由;拟购置国产烟机制造企业的烟草专卖许可证复印件及申请出售相关烟机的函件。对于通用设备采购项目,项目实施单位参照非工程投资项目立项申请报告编写提纲要求,编制项目立项申请报告。

属于烟草专用设备采购项目的,立项申请经公司生产管理部、财务管理部、规范办等部门审核会签后,提交公司领导审核,由公司生产管理部上报国家局审批。国家局下达的烟草专用机械购置计划,视作烟机购置项目的立项批复文件。属于通用设备采购项目的,由项目实施单位按照本单位相关制度规定论证审核后,提报厂长(总经理)办公会进行审批。

设备采购项目按照烟草专业机械设备和通用设备分别完成项目立项,标志着完成项目实施启动环节,设备采购项目实施流程如图 2.2.5 至图 2.2.8 所示,设备采购项目全流程管理要点如表 2.2.2 所示。

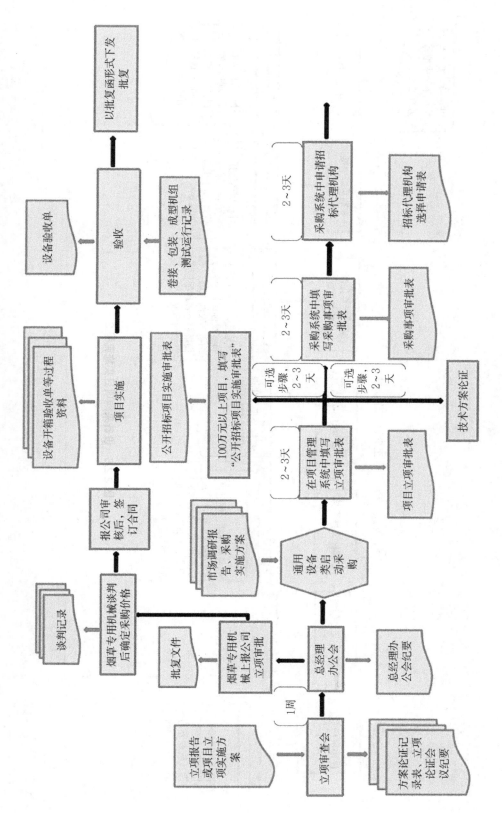

图 2.2.5 设备采购项目实施流程 1

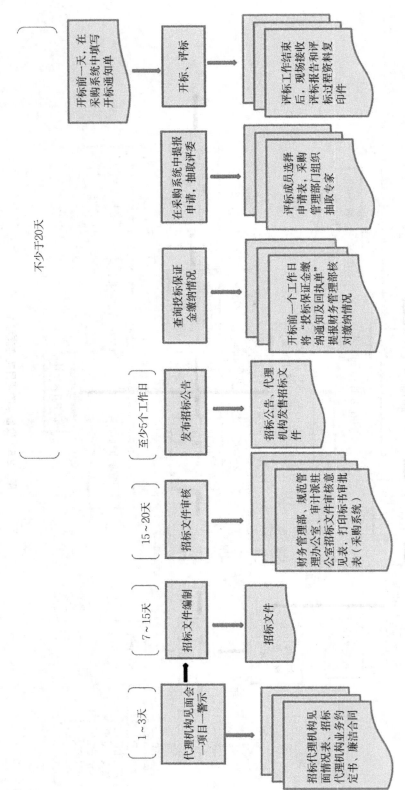

图 2.2.6　设备采购项目实施流程 2

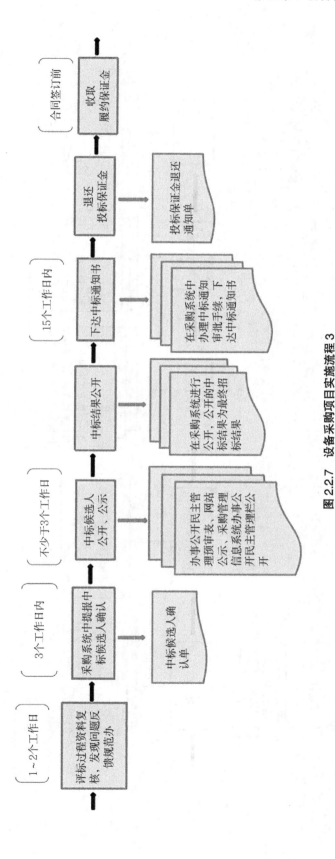

图 2.2.7 设备采购项目实施流程 3

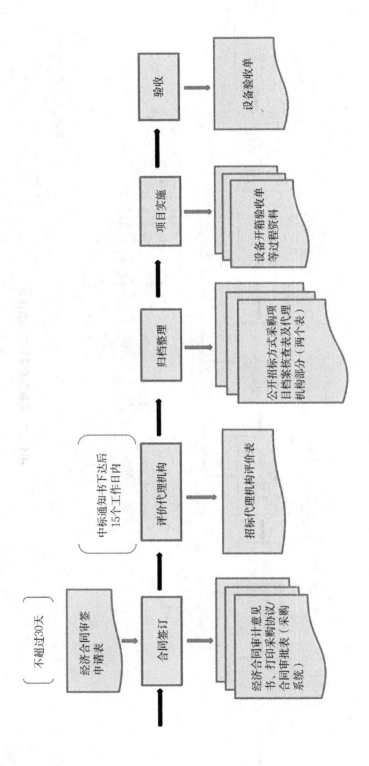

图 2.2.8　设备采购项目实施流程 4

表 2.2.2 设备采购项目全流程管理要点

序号	输入资料、条件	节点任务	输出资料	时间节点要求	责任部门及人员
1	需求部门的工作实际需求和规划	提出项目需求	形成项目申请报告（达到立项深度）	每季度	项目需求部门
2	项目申请报告	需求部门初审	初审意见（部门负责人、分管领导同意签字）	每季度	归口管理部门
3	项目申请报告	归口部门组织项目评审	评审结论	每季度	归口管理部门
4	项目通过评审后修改申请报告	完善申请报告	申请报告	每季度	项目需求部门
5	报总经理办公会	总经理办公会审批	总经理办公会会议纪要	每季度	设备管理部
6	总经理办公会审议通过的项目	项目入库	项目管理系统入库审批	每季度	项目需求部门、归口管理部门
7	评审通过的项目从项目库中提取出库	项目出库	形成拟提报设备采购项目计划	9月份	设备管理部
8	设备采购项目投资计划	总经理办公会或三项工作管理委员会研究	总经理办公会或三项工作管理委员会会议纪要	9月份	设备管理部
9	会后形成年度设备采购项目计划表	红文上报公司	红文请示	9月20日前	设备管理部
10	设备采购项目批复计划	接收公司批复计划	根据计划进行任务分解，指定项目负责人、项目实施负责人	来年1月	各归口管理部门
11	根据设备采购计划批复意见	下达立项批复函	立项批复函	来年1月	各归口管理部门
12		项目管理系统立项、编制计划、季度预算	系统录入	来年2月	项目实施部门
13	原则上进行3家市场调研	开展采购工作，进行市场调研	形成书面市场调研报告	项目实施审批前完成	项目实施部门、项目需求部门

序号	输入资料、条件	节点任务	输出资料	时间节点要求	责任部门及人员
14		编制采购方案	实施方案编制完成后，须经采购项目负责人签字确认，报采购管理部门备案	2～3个工作日	项目实施部门、项目实施负责人
15	预算金额100万元以上的公开招标项目启动前	实施采购审批	填写"公开招标项目实施审批表"，经部门负责人、分管业务领导、分管规范领导和主要领导审批后，可启动采购流程	2～3个工作日	项目实施部门、项目实施负责人
16		履行审批备案程序	在采购管理信息系统中填写"采购事项审批表"，在采购系统中定制各流程节点完成时间	2～4个工作日	项目实施部门、项目实施负责人
17		确定招标代理机构	在采购管理信息系统中提报"招标代理机构选择申请表"		项目实施部门、项目实施负责人
18		召开见面会，签订代理协议	填报"招标代理机构见面情况表"，与招标代理机构签订"招标代理机构业务约定书"和"廉洁合同"	1～3个工作日	项目实施部门、项目实施负责人
19	一项目一警示。重大项目（500万元以上（含）工程和服务，1000万元以上（含）物资项目）具体时间与纪检部门沟通，实施部门、需求部门、规范办、纪检、主管领导参加		招标采购"一项目一警示"教育记录表	见面会后，发招标公告前	项目实施部门、项目实施负责人、招标代理、项目需求部门等
20		招标文件编制（招标文件内容严格保密）	招标文件	5～10个工作日	招标代理机构、项目实施部门、项目实施负责人

序号	输入资料、条件	节点任务	输出资料	时间节点要求	责任部门及人员
21	招标文件	招标文件审核	在采购管理信息系统中填写提交"招标（谈判/询价文件）审批表"；重大项目〔500万元及以上（含）物资和服务采购项目、1000万元及以上（含）工程投资项目〕或存在争议的项目，以及项目实施部门认为有必要集中评审的项目，由项目实施部门填写"招标（采购）文件集中评审申请表"，规范办组织办公室（法制办）、财务管理部、审计派驻办、业务实施部门等会审部门进行集中评审		财务管理部、规范管理办公室、审计派驻办公室、项目实施负责人
22	招标公告文档	发布招标公告（不同媒介上发布的公告内容不得存在差异，各网站发布时间要在同一天，时间不少于5个工作日，河南中烟外网、制造中心内网发布联系规范办采购管理人员办理）	在"中国招标投标公共服务平台""河南省电子招标投标公共服务平台"或"河南招标采购综合网"发布公告，并在国家局网站、河南中烟外网、制造中心内部网站等有关媒介上同步发布招标公告	至少5个工作日	招标代理机构、项目实施部门、项目实施负责人
23		监督投标人报名情况	开标前，对代理机构接受投标人报名情况进行监督，并对公开招标项目投标资格审查进行复审，填写"公开招标项目投标资格审查表"	开标前	项目实施部门、项目实施负责人
24		查询投标保证金缴纳情况，开标时间前24小时内查询。开标前将确认、盖章的"投标保证金缴纳通知及回执单"交招标代理机构，经评标委员会审核后，由招标代理机构汇总归档并转交项目实施负责人	开标前由招标代理机构填写"投标保证金缴纳通知及回执单"，向采购项目负责人或采购项目实施负责人反馈应缴纳投标保证金信息。项目实施负责人对"投标保证金缴纳通知及回执单"相关信息进行核对，确认无误后于开标前一个工作日报财务管理部。财务管理部应在接收当日查询并确认实际缴纳的单位名称、交款账户、缴纳金额、缴纳时间等信息，加盖部门公章，并当日反馈项目实施负责人。采购项目实施负责人对财务管理部查询反馈的"投标保证金缴纳通知及回执单"与项目应收情况进行核对，并加盖部门公章	开标前一个工作日	招标代理机构、财务管理部、项目实施负责人

序号	输入资料、条件	节点任务	输出资料	时间节点要求	责任部门及人员
25	在采购管理信息系统中填写开标通知单	组织开标	审批完成的开标通知单	开标前一天	项目实施部门、项目实施负责人
26	在采购管理信息系统中提报"评标委员会成员选择申请表"	评委会成员确定。评标成员须在采购监督部门的监督下，由采购管理部门组织，从制造中心评标成员库中随机抽取，人数不超过评标委员会总人数的三分之一	评标委员会成员选择申请表	开标当天	项目实施负责人、规范办
27		开标、评标。开标过程资料按要求签字确认	评标工作结束后，现场接收评标报告和评标过程资料复印件	开标当天	项目实施部门、项目实施负责人
28	评标过程资料及评标报告	组织评标过程资料核查（注意保密，评分情况严禁对外透漏；发现问题及时与规范办沟通）	评标工作结束后采购项目实施部门及时组织相关人员对评标过程资料进行复核，主要核查评委个人评分表、评委汇总评分表、评标报告等内容的准确性、一致性，并填写评标情况核查表	2个工作日	项目实施部门、项目实施负责人
29	中标候选人公示	中标候选人确认。评标资料核查无误后，项目实施部门原则上要在收到评标报告后3个工作日内提报"中标候选人确认单"	填写办事公开民主管理预审表，在采购信息系统中提报"中标候选人确认单"，网站公示评标结果，确认中标候选人	不少于3个工作日	项目实施部门、项目实施负责人
30	异议	异议处理。中标候选人公示期内，投标人或者其他利害关系人如对招标结果提出异议，由规范管理办公室按照相关规定进行处理。相关部门、招标代理机构做好配合。在做出答复前，应当暂停招标投标活动	处理意见		规范办、招标代理机构、项目实施部门、项目实施负责人

续表

序号	输入资料、条件	节点任务	输出资料	时间节点要求	责任部门及人员
31	中标结果	中标结果公开。中标候选人公示期内无异议，或异议不成立的，进行中标结果公开	中标结果网站公示，填写采购管理信息系统中标人确认单，公开的中标结果为最终招标结果	1～3个工作日	项目实施部门、项目实施负责人
32	中标通知书	下达中标通知书。采用工程量清单招标的施工项目，须完成清标或回标分析并经拟中标单位确认后，再下达中标通知书	在采购管理信息系统中办理审批手续，督促招标代理机构按时下达中标通知书	15个工作日内	项目实施部门、项目实施负责人
33		履约保证金收取。履约保证金不得超过中标合同金额的10%，一般按中标合同金额的5%收取。缴纳金额与方式按招标文件要求进行	到账回执单	合同签订前缴纳履约保证金	项目实施部门、项目实施负责人
34	经济合同审签申请表、合同初稿	合同审批、签订	经济合同审计意见书，采购系统中打印采购协议（合同）审批表、正式合同	下达中标通知书后30日内完成合同签订	审计、财务、规范办、实施部门、项目实施负责人
35	招标代理机构向采购项目实施负责人提交"投标保证金退还通知单"，核对相关信息	退还投标保证金	履行审批程序后报财务管理部退还	招标完成的项目，应在评标结束后1个工作日内提交；废标、取消的项目，应在发布相关公告之日提交	招标代理机构、项目实施部门、项目实施负责人

序号	输入资料、条件	节点任务	输出资料	时间节点要求	责任部门及人员
36		评价代理机构	填写"招标代理机构评价表"并报采购管理部门；评价不合格的须说明扣分原因，必要时提供证明资料	中标通知书下达后15个工作日内	实施部门、项目实施负责人
37	档案资料	归档整理	公开招标方式采购项目档案核查表及代理机构部分（两个表）		实施部门、项目实施负责人
38	过程中收集的资料	项目实施	设备开箱验收单等过程资料		实施部门、项目实施负责人
39		验收	设备验收单（需要将合同中的重要指标、参数等列入验收单中），参照《设备采购项目管理办法》进行验收		实施部门、项目实施负责人

三、投资项目

本节的投资项目主要指固定资产的大修、项修及技术改造项目，包括行业负面清单项目及公司负面清单项目。

对于卷烟厂来说，行业负面清单项目包括：

——涉及烟草制品产能的投资项目。

——烟草专用机械购置项目。

——卷烟厂投资额1亿元（含）以上的不涉及产能的投资项目、投资额3000万元（含）以上的信息化项目（不含生产及物流所需的控制、安全等基础信息设施建设）、投资额在1000万元（含）以上的购买、建设经营业务用房项目。

——国家局（总公司）规定需上报审批的境外投资和利用外资等其他投资项目。

公司负面清单项目包括500万元（含）以上的固定资产投资项目（不含大项修）、100万元（含）以上的信息化项目且不属于行业负面清单的项目。

投资项目实施流程如图2.2.9至图2.2.12所示，投资项目全流程管理要点如表2.2.3所示。

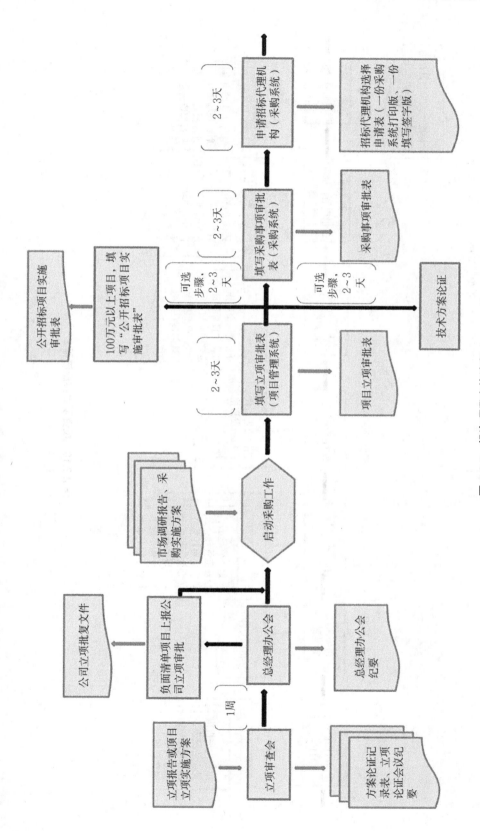

图 2.2.9　投资项目实施流程 1

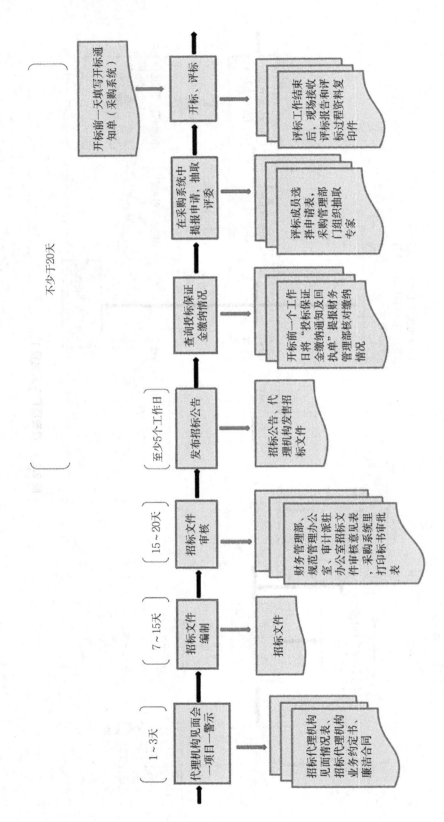

图 2.2.10 投资项目实施流程 2

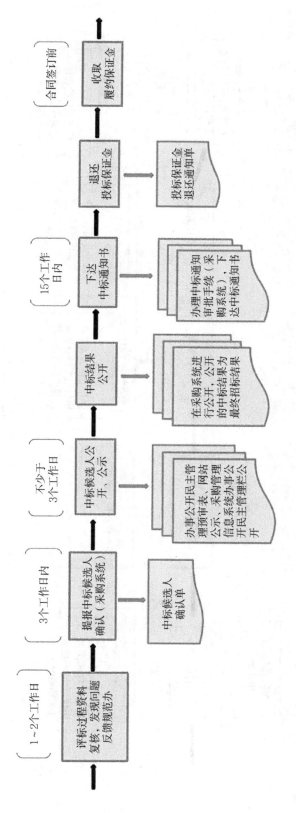

图 2.2.11　投资项目实施流程 3

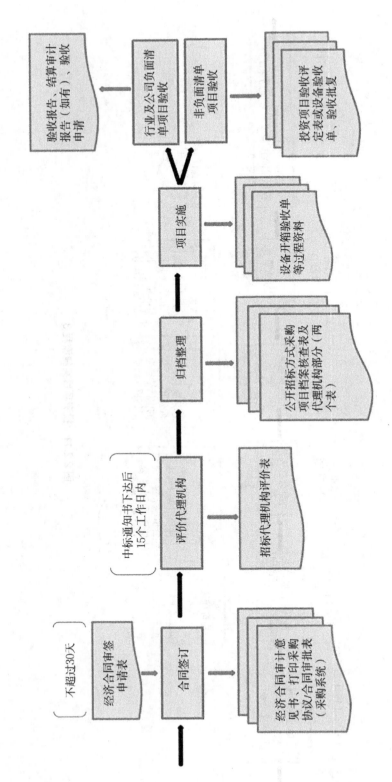

图 2.2.12 投资项目实施流程 4

表 2.2.3 投资项目全流程管理要点

序号	输入资料、条件	节点任务	输出资料	时间节点要求	责任部门及人员
1	需求部门的工作实际需求和规划	提出项目需求	形成项目申请报告（达到立项深度）	每季度	项目需求部门
2	项目申请报告	需求部门初审	初审意见（经部门负责人、分管领导同意签字）	每季度	归口管理部门
3	项目申请报告	归口部门组织项目评审	评审结论	每季度	归口管理部门
4	项目通过评审后修改申请报告	完善申请报告	申请报告	每季度	项目需求部门
5	报总经理办公会	总经理办公会审批	①负面清单外项目同意立项；②负面清单项目报公司复审	每季度	设备管理部
6	总经理办公会审议通过的负面清单外项目	负面清单外项目入库	项目管理系统入库审批	每季度	项目需求部门、归口管理部门
7	总经理办公会审议通过的负面清单项目	报公司复审	复审意见，同意项目入库	每季度	项目需求部门、归口管理部门
7.1	报公司进行复审的负面清单项目：判断是否属于技术复杂程度高、投资额度大的行业及公司负面清单项目，根据《投资项目咨询服务供应商库管理办法》的要求，按照专业类别及投资规模，从投资项目咨询服务供应商库中选取具有相应设计或咨询资质的专业机构编制立项报告。其中，对于国家局（总公司）立项审批、总投资5000万元（含）以上的项目，应聘请具有甲级资质的设计或咨询单位编制立项申请报告	编制项目申请报告(技术复杂、投资额度大的行业，公司负面清单项目)	立项申请报告（格式参照《投资项目审查审批管理办法》的要求）		项目需求部门、实施部门

序号	输入资料、条件	节点任务	输出资料	时间节点要求	责任部门及人员
7.2	报公司进行复审的专用设备：按照《烟草专用机械购置和出售及转让审批管理办法》的要求编制立项申请报告，经总经理办公会审核后以正式文件形式上报购置申请	编制项目申请报告（烟草专用机械）	烟草专用机械购置申请表		项目需求部门、实施部门
8	评审通过的项目从项目库中提取出库	项目出库	形成拟提报投资项目计划	9月份	设备管理部
9	投资项目计划	总经理办公会或三项工作管理委员会研究	总经理办公会或三项工作管理委员会会议纪要	9月份	设备管理部
10	会后形成年度投资项目计划表	红文上报公司	红文请示	9月20日前	设备管理部
11	投资项目批复计划	接收公司批复计划	根据计划进行任务分解，指定项目负责人、项目实施负责人	来年1月	各归口管理部门
12	根据投资项目计划批复意见	下达非负面清单项目立项批复函	立项批复函	来年1月	各归口管理部门
13		项目管理系统立项、编制计划、季度预算	系统录入	来年2月	项目实施部门
14	原则上进行3家市场调研	开展采购工作，进行市场调研	形成书面市场调研报告	项目实施审批前完成	项目实施部门、项目需求部门
15		编制采购方案	实施方案编制完成后，须经采购项目负责人签字确认，报采购管理部门备案	2~3个工作日	项目实施部门、项目实施负责人
16	预算金额100万元以上的公开招标项目启动前	实施采购审批	填写"公开招标项目实施审批表"，经部门负责人、分管业务领导、分管规范领导和主要领导审批后，可启动采购流程	2~3个工作日	项目实施部门、项目实施负责人
17		履行审批备案程序	在采购管理信息系统中填写"采购事项审批表"，在采购系统中定制各流程节点完成时间	2~4个工作日	项目实施部门、项目实施负责人

续表

序号	输入资料、条件	节点任务	输出资料	时间节点要求	责任部门及人员
18		确定招标代理机构	在采购管理信息系统中提报"招标代理机构选择申请表"		项目实施部门、项目实施负责人
19		召开见面会，签订代理协议	填报"招标代理机构见面情况表"，与招标代理机构签订"招标代理机构业务约定书"和"廉洁合同"	1～3个工作日	项目实施部门、项目实施负责人
20		一项目一警示。重大项目[500万元以上（含）工程和服务，1000万元以上（含）物资项目]具体时间与纪检部门沟通，实施部门需求部门、规范办、纪检、主管领导参加	招标采购"一项目一警示"教育记录表	见面会后，发招标公告前	项目实施部门、项目实施负责人、招标代理、项目需求部门等
21		招标文件编制（招标文件内容严格保密）	招标文件	5～10个工作日	招标代理机构、项目实施部门、项目实施负责人
22	招标文件	招标文件审核、重大项目集中评审	在采购管理信息系统中填写提交"招标（谈判/询价文件）审批表"；重大项目〔500万元及以上（含）物资和服务采购项目、1000万元及以上（含）工程投资项目〕或存在争议的项目，以及项目实施部门认为有必要集中评审的项目，由项目实施部门填写"招标（采购）文件集中评审申请表"，规范办组织办公室（法制办）、财务管理部、审计派驻办、业务实施部门等会审部门进行集中评审		财务管理部、规范管理办公室、审计派驻办公室、项目实施负责人

序号	输入资料、条件	节点任务	输出资料	时间节点要求	责任部门及人员
23	招标公告文档	发布招标公告（不同媒介上发布的公告内容不得存在差异，各网站发布时间要在同一天，时间不少于5个工作日，河南中烟外网、制造中心内网发布联系规范办采购管理人员办理）	在"中国招标投标公共服务平台""河南省电子招标投标公共服务平台"或"河南招标采购综合网"发布公告，并在国家局网站、河南中烟外网、制造中心内部网站等有关媒介上同步发布招标公告	至少5个工作日	招标代理机构、项目实施部门、项目实施负责人
24		监督投标人报名情况	开标前，对代理机构接受投标人报名情况进行监督，并对公开招标项目投标资格审查进行复审，填写"公开招标项目投标资格审查表"	开标前	项目实施部门、项目实施负责人
25		查询投标保证金缴纳情况。开标时间前24小时内查询。开标前将确认、盖章的"投标保证金缴纳通知及回执单"交招标代理机构，经评标委员会审核后，由招标代理机构汇总归档并转交项目实施负责人	开标前由招标代理机构填写"投标保证金缴纳通知及回执单"，向采购项目负责人或采购项目实施负责人反馈应缴纳投标保证金信息。项目实施负责人对"投标保证金缴纳通知及回执单"相关信息进行核对，确认无误后于开标前一个工作日报财务管理部。财务管理部应在接收当日查询并确认实际缴纳的单位名称、交款账户、缴纳金额、缴纳时间等信息，加盖部门公章，并当日反馈项目实施负责人。采购项目实施负责人对财务管理部查询反馈的"投标保证金缴纳通知及回执单"与项目应收情况进行核对，并加盖部门公章	开标前一个工作日	招标代理机构、财务管理部、项目实施负责人
26	在采购管理信息系统中填写开标通知单	组织开标	审批完成的开标通知单	开标前一天	项目实施部门、项目实施负责人

续表

序号	输入资料、条件	节点任务	输出资料	时间节点要求	责任部门及人员
27	在采购管理信息系统中提报"评标委员会成员选择申请表"	评委会成员确定。评标成员须在采购监督部门的监督下，由采购管理部门组织，从制造中心评标成员库中随机抽取，人数不超过评标委员会总人数的三分之一	评标委员会成员选择申请表	开标当天	项目实施负责人、规范办
28		开标、评标。开标过程资料按要求签字确认	评标工作结束后，现场接收评标报告和评标过程资料复印件	开标当天	项目实施部门、项目实施负责人
29	评标过程资料及评标报告	组织评标过程资料核查（注意保密，评分情况严禁对外透漏；发现问题及时与规范办沟通）	评标工作结束后采购项目实施部门及时组织相关人员对评标过程资料进行复核，主要核查评委个人评分表、评委汇总评分表、评标报告等内容的准确性，一致性，并填写评标情况核查表	2个工作日	项目实施部门、项目实施负责人
30	中标候选人公示	中标候选人确认。评标资料核查无误后，项目实施部门原则上要在收到评标报告后3个工作日内提报"中标候选人确认单"	填写办事公开民主管理预审表，在采购信息系统中提报"中标候选人确认单"，网站公示评标结果，确认中标候选人	不少于3个工作日	项目实施部门、项目实施负责人
31	异议	异议处理。中标候选人公示期内，投标人或者其他利害关系人如对招标结果提出异议，由规范管理办公室按照相关规定进行处理。相关部门、招标代理机构做好配合。在做出答复前，应当暂停招标投标活动	处理意见		规范办、招标代理机构、项目实施部门、项目实施负责人

序号	输入资料、条件	节点任务	输出资料	时间节点要求	责任部门及人员
32	中标结果	中标结果公开。中标候选人公示期内无异议，或异议不成立的，进行中标结果公开	中标结果网站公示，填写采购管理信息系统中标人确认单，公开的中标结果为最终招标结果	1～3个工作日	项目实施部门、项目实施负责人
33	中标通知书	下达中标通知书。采用工程量清单招标的施工项目，须完成清标或回标分析并经拟中标单位确认后，再下达中标通知书	采购管理信息系统中办理审批手续，督促招标代理机构按时下达中标通知书	15个工作日内	项目实施部门、项目实施负责人
34		履约保证金收取。履约保证金不得超过中标合同金额的10%，一般按中标合同金额的5%收取。缴纳金额与方式按招标文件要求进行	到账回执单	合同签订前缴纳履约保证金	项目实施部门、项目实施负责人
35	经济合同审签申请表、合同初稿	合同审批、签订	经济合同审计意见书，采购系统中打印采购协议（合同）审批表、正式合同	下达中标通知书后30日内完成合同签订	审计、财务、规范办、实施部门、项目实施负责人
36	招标代理机构向采购项目实施负责人提交"投标保证金退还通知单"，核对相关信息	退还投标保证金	履行审批程序后报财务管理部退还	招标完成的项目，应在评标结束后1个工作日内提交；废标、取消的项目，应在发布相关公告之日提交	招标代理机构、项目实施部门、项目实施负责人

续表

序号	输入资料、条件	节点任务	输出资料	时间节点要求	责任部门及人员
37		评价代理机构	填写"招标代理机构评价表"并报采购管理部门；评价不合格的须说明扣分原因，必要时提供证明资料	中标通知书下达后 15 个工作日内	实施部门、项目实施负责人
38	档案资料	归档整理	公开招标方式采购项目档案核查表及代理机构部分（两个表）		实施部门、项目实施负责人
39	过程中收集的资料	项目实施	设备开箱验收单等过程资料		实施部门、项目实施负责人
40	归口管理部门组织审核验收报告、结算审计报告（如有）、验收申请，报总经理办公会研究同意	行业负面清单项目验收	公司上报国家局		实施部门、项目实施负责人
41	验收报告、结算审计报告（如有）、验收申请	公司负面清单项目验收	公司直接下达批复或通过验收通知、委托验收和组织验收等方式进行验收		实施部门、项目实施负责人
42	实施部门组织验收，对有明确技术标准要求且与工艺等密切相关的项目，需进行相关测试，并保存记录，确保项目满足项目建设需求，填写"投资项目验收评定表"或"设备验收单"	非负面清单项目验收	设备验收单（需要将合同中的重要指标、参数等列入验收单中）。办公室（法制办）统一编号，以批复函形式下发验收批复		实施部门、项目实施负责人
43	按照《设备采购项目管理办法》的要求，实施部门负责组织验收。卷接、包装、成型机组设备的验收，需连续验收三个班并填写"卷接、包装、成型机组测试运行记录表"	烟机购置项目验收	"设备验收单（一）""设备验收单（二）"（需将合同中的重要指标、参数等列入）。办公室（法制办）统一编号，以批复函形式下发验收批复		实施部门、项目实施负责人

第三节   设备验收管理

《中国烟草总公司设备管理办法》中指出,设备的安装验收和移交生产、使用是设备生命周期全过程管理的关键环节,设备安装调试经验收达到技术要求后,应及时办理设备移交和转入固定资产手续。

一、设备采购项目

（一）开箱验收

采购的设备到货后,项目实施部门需组织设备使用部门和设备供货单位进行开箱验收并填写设备开箱验收单。开箱验收的主要内容包括确认采购设备与合同是否一致、资料是否完整、附件和工具是否齐全等。

开箱验收过程中接收到的装箱单、合格证、机械和电气使用说明书、图纸等纸质技术资料,以及光盘、U 盘等电子资料,由项目实施部门负责整理,项目竣工验收后,项目实施部门按照档案管理办法做好档案整理、移交工作。

（二）安装调试

设备安装调试由实施部门负责组织实施,对安装调试过程中涉及的问题进行协调。设备试运行期间,设备使用部门应配备操作、维修人员参与调试运行,保证安装调试工作顺利进行。

（三）设备验收

生产设备完成安装调试,具备正式投产和使用条件后,由项目实施部门牵头,组织设备管理部门、生产管理部门、工艺质量部门、设备使用部门、安全管理部门及设备提供厂家调试人员等,依据合同、技术协议及国家相关规范、标准,共同对设备进行验收,做好相应验收记录,设备验收合格后,填写设备验收单。其中,卷接、包装、成型机组设备的验收,需连续运行三个班并填写卷接、包装、成型机组测试运行记录,验收合格后,由设备管理部门下达设备投产通知单,移交使用部门投入使用,纳入日常管理和维护。

信息化类、办公及交通类、仪器仪表类、维修工具等设备具备验收条件后,由项目实施部门牵头,根据需要组织设备管理部门、设备使用部门、安全管理部门及设备提供厂家调试人员等,共同对设备进行验收,合格后填写设备验收单。

（四）设备转固及台账管理

设备完成验收后,项目实施部门及时在 EAM 系统中进行信息录入,设备管理部门办理资产转固及台账登记手续,并报制造中心财务管理部门转固入账,进行资产移交。工具

（系统）软件类无形资产按照信息化资产管理办法规定办理入账手续。烟草专卖设备采购项目由设备管理部门及时在行业设备管理信息系统中进行信息录入及维护。

二、投资项目

（一）行业负面清单项目验收

项目按要求实施并竣工、试生产 3 个月以上，具备正式投产和使用条件后，项目实施单位（部门）按照《烟草行业固定资产投资项目竣工验收管理办法》的要求，参照"工程建设项目竣工验收报告格式及附表"的要求编制工程建设项目验收报告，并附竣工结算审计报告，以正式公文形式上报公司，申请验收。

验收申请送达后，公司归口管理部门负责组织审查，并将验收审查意见报总经理办公会审核。投资项目在行业负面清单中且涉及产能的，根据审核意见报国家局审批；投资项目在行业负面清单中但不涉及产能的，根据审核意见下达验收批复，报国家局投资主管部门存档。

（二）公司负面清单项目验收

项目按要求实施完成，经试生产、试运行合格后，项目实施单位负责组织初步验收，并参照"工程建设项目竣工验收报告格式及附表"的要求编制工程建设项目验收报告，以正式公文形式上报公司，申请验收。

公司归口管理部门根据项目技术难度、验收资料、实施内容等情况，采取直接下达验收批复、委托验收或组织验收等方式进行验收。

——直接下达验收批复的项目，由归口管理部门审查后直接下达验收批复，批复文件由相关部门审核、公司主管领导审批。

——委托验收的项目，由归口部门以部门函的形式下达委托书，项目实施单位按照本单位制度管理规定审核后，下达验收批复。

——归口管理部门组织验收的项目，由归口部门组织相关部门进行验收，并根据项目实际填写投资项目验收评定表及设备验收单，由归口管理部门下达验收批复，批复文件由相关部门审核、公司主管领导审批。

（三）非负面清单投资项目验收

项目按批准内容实施完成，经试生产、试运行合格后，项目实施单位按照公司及本单位相关制度规定自行组织验收，下达验收批复。

投资项目验收管理流程如图 2.3.1 所示。

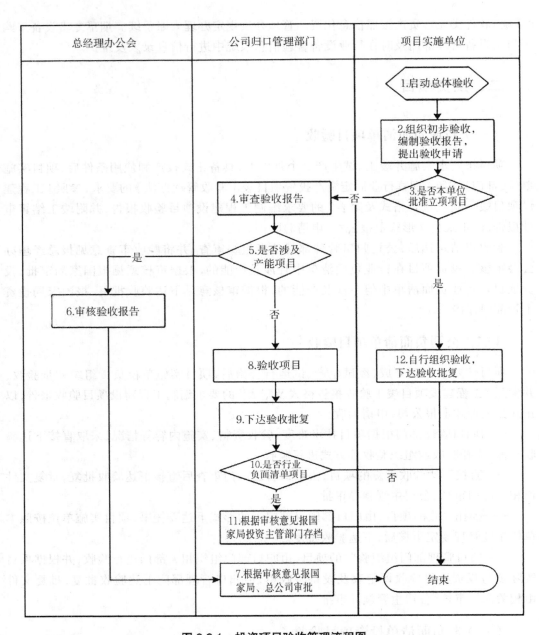

图 2.3.1　投资项目验收管理流程图

三、设备配置情况

以制造中心为例,简要介绍卷烟厂设备配置情况。制造中心主要生产车间包括制丝车间、卷包车间、动力车间等。其中,制丝车间和卷包车间是直接涉及产品生产的主体车间。制丝车间拥有 3 条叶丝生产线(8000 千克/时规模线、5000 千克/时品牌线、3000 千克/时精品线)、1 条 3000 千克/时梗丝生产线和 1 条 1140 千克/时二氧化碳膨胀烟丝生产线;53 台(套)主要生产设备,包含纸箱开包机 3 台,切片机 3 台,真空回潮机 3 台,松散回潮机 3 台,光谱除杂机 1 台,激光除杂机 2 台,增温增湿机 3 台,TOBSPIN 切丝机 8 台,KT-2 切梗丝机 3 台,SQ31 切丝机 2 台,叶丝加料机 3 台,叶片加料机 1 台,薄板烘丝机 3 台,气流烘丝机 2 台,混丝加香机 3 台,烟梗开包机 1 台,浸梗机 1 台,刮板回潮机 1 台,压梗机 2 台,梗丝加料机 1 台,梗丝加香机 1 台,二氧化碳膨胀系统 1 套,三级回潮机 1 台,膨胀丝加香机 1 台。其中关键主机采用 HAUNI、Garbuio Dickinson、COMAS、BEST 等知名企业生产的进口设备,大大提升了装备技术的先进性及延续性。中央集控系统采用先进的工业总线控制技术,融合信息技术、现代管理技术和控制技术,实现设备状态、生产调度和工艺管理的统一实时管控。

　　制造中心卷接包车间目前拥有 36 台(套)卷接包装对接机组,年卷烟生产能力可达 130 万箱以上。卷接设备包括 ZJ17 型 18 组(其中 7 组细支),ZJ112 型 4 组,ZJ116 型 3 组,ZJ118 型 6 组(其中 2 组细支、1 组中支),ZJ119 型 2 组,PROTO M5 型 2 组,其中 8 组为 10000~12000 支/分的高速机组,3 组为 14000 支/分的超高速机组;包装设备包括 ZB45 硬盒包装机 24 组(其中 9 组细支、1 组中支),ZB47 硬盒包装机 4 组,ZB48 硬盒包装机 3 组,ZB416 硬盒包装机 3 组,FOCKE FX2 硬盒包装机 2 组,其中 7 组为 11000~12000 支/分的高速机组,5 组为 14000 支/分的高速机组。卷接和包装机组对接均采用 YF17 卷烟储存输送装置,并利用风力平衡、烟丝自动输送、滤棒风力自动输送、条烟自动输送、自动装封箱等多种技术,实现了卷接包生产的自动化。其中 ZJ119 卷接机组、ZB416 包装机组实现了数字化和智能化,为智慧工厂建设奠定装备基础。

第三章　设备运行维护阶段管理

《中国烟草总公司设备管理办法》等文件对卷烟厂的设备运行维护阶段管理（使用管理）提出了基本要求：企业要建立、健全设备使用、维护制度并严格执行；设备投产、使用前，企业要组织技术管理人员和操作人员掌握设备的性能和使用、维护方法；设备作业现场要保持整洁、明快，实施定置化管理，指示与标识明确，通过科学设计，达到人、机、空间优化组合；企业要合理使用设备，避免超负荷、不规范使用；生产设备使用要实行岗位责任制，操作人员培训合格方可上岗并做好运行记录；多班制生产的设备，要执行设备交接班制度；企业要建立、健全设备点检、巡检等制度，及时、全面掌握设备技术状态；企业必须严格执行国家有关强制检验规定，专人管理特种设备，遵守安全技术操作规程，定期进行负荷或预防性试验，保证设备安全、可靠、经济、合理运行；企业要建立、健全设备润滑管理制度并做好设备润滑工作。

按照国家、行业和地方相关要求，河南中烟结合企业实际情况制定了关于设备使用、保养、点检、润滑、维修等运维方面的管理程序及制度，制造中心等卷烟厂按照流程和制度要求实施相关设备运行维护管理工作。

第一节　设备基础运维管理

一、设备使用（操作）

（一）设备投入使用要求

新购置设备及大修、项修、改造设备，完成安装、调试，安全装置齐全有效，达到安全、技术、工艺使用要求后，方可投入使用。

新机型设备在投入使用前应制定设备保养、润滑、状态监控技术要求和安全技术操作规程等，在设备交验后一个月内完成标准发布。

使用（操作）、维修、点检人员应满足岗位能力要求，取得与岗位相关的资格证书。

各生产部门应制定本部门主要机型（或设备）安全技术操作规程，公司已发布的机型（或设备）安全技术操作规程可直接引用或进一步细化。在机型（或设备）安全技术操作规程发布、修订及执行岗位人员变动时，生产部门应开展技术标准培训工作。

操作人员在开动设备前应按照设备完好技术要求进行检查，严格按照设备安全技术操作规程操作。

设备操作人员在 EAM 系统中按照"及时、真实、规范、完整"的四性要求填写设备运维记录，内容包括运行时间、各类停机时间、设备异常等。

（二）设备操作要求

主要生产设备操作人员上岗前必须进行培训，经考试合格后报设备管理部申请办理操作证，取得操作证后方可上岗。

车间根据设备的性能参数和生产工艺要求，制定设备维护保养作业指导书。设备操作人员按照作业指导书，保养、润滑等标准使用和维护设备，做到设备清洁、保养到位，确定合理的润滑周期，合理使用设备。

设备操作人员严格遵守设备使用"十不准"原则：不准设备带病运转，不准超负荷使用设备，不准擅自开动他人设备，不准在设备上放工具和杂物，不准在设备运行时离开岗位，不准猛力击打设备，不准在没有保险的情况下开动设备，不准在没有防护装置的情况下开动设备，不准使用不合格的工具，不准随意拆用其他设备的零配件。

设备操作人员对所操作设备要做到"三好""四会""四懂"："三好"即管好、用好、保养好；"四会"即会使用、会保养、会检查、会排除故障；"四懂"即懂结构、懂性能、懂原理、懂用途。

车间应保持设备完好，每月对主要卷烟生产设备的操作系统、传动系统、润滑系统、电气系统、零部件完整、保养情况、安全防护等至少进行两次完好自查。车间根据设备管理部定期进行抽查的各设备完好性和设备现场情况，对不完好项目及时进行整改，确保设备性能良好、运转正常，满足生产、工艺需求。

设备作业现场要保持整洁、明快，定置合理，指示与标识明确，确保人、机、空间优化组合，符合 6S 等相关设备现场标准要求。

（三）交接班要求

车间停产或开工时，生产班组交接班按照车间生产主任下发的生产班组停开工安排通知执行。接班人员班前严禁喝酒，如发现有喝酒或身体不适者，应及时向带班长或分支书记报告。

接班人员按时到岗，登录数据采集（简称数采）系统，进行到岗确认。交班人员在交班前认真地对操作设备的运行情况做一次全面的检查和必要的调整，保证设备运转正常，工作场所清洁，物品按定置标准摆放。交班人员按照要求填写 EAM 设备运行纪录，接班人员查阅数采系统、EAM 系统，了解上一班设备运行情况，启动工单，进行设备例行保养，填写本班设备点检记录和安全记录，核对生产牌号、产品技术标准及卷烟材料。交接班双方在设备现场进行面对面交接,如不符合交接班标准,接班人员有权要求交班人员进行处理,同时上报当班带班长。

交班时当班机电维修工负责解决本班设备运行中出现的问题,不得交下一班处理,如设备故障移交到下一班,而下一班机电维修工又不同意接受,交班机电维修工应继续参与设备故障维修,直至设备运行正常。接班机电维修工应积极协助交班机电维修工处理问题,待问题处理完毕后,再进行交接班。

交班人员完成交接班后登录数采系统,进行离岗确认。带班长交班时就当班生产牌号、产量、设备、安全等情况规范填写车间轮班生产交接班记录表。

二、设备保养

河南中烟主要生产设备执行三级保养模式。一级保养是为保证设备正常运行而实施的每天/每班次的设备日常保养;二级保养是为保证设备正常运行而实施的轮保养、周保养等中短周期保养;三级保养是为保证设备正常运行而实施的月底深度维修保养等中长周期保养。卷接包机组、成型机组等设备应执行轮保模式。

生产部门按照三级模式要求,结合实际选择保养方式和方法,由设备管理部确认后实施。各生产部门应制定本部门主要机型(或设备)保养技术要求;对于公司已发布的机型(或设备)保养技术要求,生产部门可直接引用或进一步细化后实施。机型(或设备)保养技术要求应明确三级保养的时间,以及保养部位、内容、工具、方法和标准。

下面以卷包车间为例,简要介绍设备保养策略及主要保养模式。

基于卷包车间主要设备特点和生产模式,按照三级保养基本模式和要求,结合多年设备保养实践经验,卷包车间执行以轮保养为主体的设备保养策略,主要包括轮保养、定时保养、进站式保养、临时保养和深度保养等模式。卷包车间设备保养策略如图3.1.1所示。

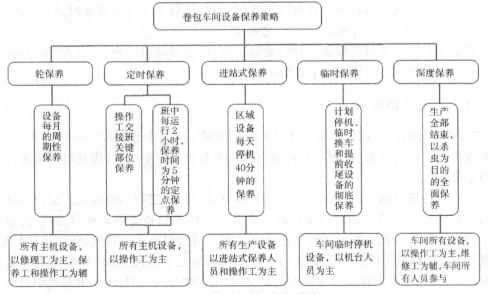

图 3.1.1 卷包车间设备保养策略

　　将卷包车间主要设备保养模式进行对比,其主要任务、目的、特点、周期、关键控制点及实施人员和检查评价人员对比情况如表 3.1.1 所示。

表 3.1.1　卷包车间设备保养模式对比

维保模式	主要任务	目的	实施人员	周期	特点	检查评价人员	关键控制点（ZB45）
定时保养	对影响产品质量和设备运行的关键部位进行清洁	消除故障隐患,保证产品质量	操作工	班中每运行 2 小时的 5 分钟清洁	时间短、频次高,以关键部位清洁为主	维修人员	5 个关键控制点
进站式保养	设备关键控制点清扫、清洁、点检、易损件更换	维持设备运行状态,保持设备清洁	操作工	每班 1 次,每次 40 分钟	集中力量进行清洁保养,清扫方式以"吸、抹"为主,及时发现和消除设备隐患	设备管理员、维修工	21 个关键控制点
	点检、润滑和状态维修		轮班维修人员				点检、润滑、处理异常
轮保保养	细致保养、疏通	设备零部件、机构、控制系统精度恢复	操作工	每天轮保 2 组,每台平均 2 周 1 次,每次 8 小时	保养时间长,深度保养和设备计划维修相结合	设备、工艺、现场管理人员	22 个关键控制点
	全面、专业点检、调整、紧固、润滑		轮保维修人员		结合设备技术状态和设备异常台账,制订作业计划,管理精细化		42 个关键控制点,周期点检、润滑
	异常部位修理						解决维修申请、处理异常
深度保养	全面深入清扫,含防虫灭虫	彻底清洁,不留死角;消除设备故障隐患	操作工	停产保养,8 小时的深度清扫、清洁	以"吸、擦、抹"为主的清扫方式,清扫深入彻底	设备、工艺、现场安全管理人员	22 个关键控制点
临时保养	全面彻底清扫	保持设备清洁,利于设备停机待产	操作工	停机收尾后 40 分钟	以"吸、擦、抹"为主的清扫方式	设备管理员、维修工	8 个关键控制点

三、设备点检

河南中烟主要生产设备执行三级点检管理模式。该模式学习借鉴宝钢等先进企业的经验,融合 TPM 管理理念和方法,结合卷烟工业企业装备和管理特点,依托信息化系统,采用现代设备状态诊断技术和手段,为开展设备预防性维修提供技术支撑。

(一)三级点检模式内涵

卷烟厂设备三级点检是由日常点检、专业点检和精密点检相结合而形成的全员参与的设备点检模式。操作工主要通过感官,对设备开机和运行条件类因素进行日常点检;维修工主要通过感官,借助监测工具(装置),对设备关键部位进行专业点检;专(兼)职点检员主要借助专业检测诊断工具(装置),按照计划和标准定期对设备关键部位实施精密点检,综合分析设备异常信息以指导实施维修,并对维修效果进行跟踪验证,形成设备异常状态信息管理闭环。

三级点检模式包含管理和技术两层含义,管理内涵包括全员参与、健康理念、精益原则等手段在设备异常信息获取、分析和应用过程中的计划、组织、领导和控制等,技术内涵包括人体五感、实践经验和检测诊断技术等手段在设备异常信息获取、分析和应用过程中的综合运用。

各卷烟厂应制定主要生产设备(点检)状态监控技术要求和设备(点检)状态监控管理标准。公司已发布的主要机型(点检)状态监控技术要求,各卷烟厂可直接引用或进一步细化后实施;对于未发布的机型,各卷烟厂按照公司要求并参照已发布的相应标准,结合设备状况和管理需要制定相应机型(点检)状态监控技术要求并实施。设备(点检)状态监控技术要求要明确状态监控的部位、点检点、点检内容、操作岗位、设备状态、点检方法、点检周期、点检标准、问题及处置措施等内容。

(二)三级点检主要要求

1.选取重点监控设备

制丝设备:选取承担重要工艺指标的主机设备以及对生产线连续运行影响较大的辅助性设备作为重点监控设备,主要包括增温增湿类、加料加香类、切丝类、烘丝类、叶丝梗丝膨胀类、风送除尘类、检测与控制类设备等。

卷包设备:选取卷接、包装及输送类设备作为重点监控设备,主要包括送丝类、卷接类、烟支输送及存储类、包装类及装箱类设备等。

动力设备:选取无冗余、故障高发、大功率旋转、高发热量配电、高价值类设备作为重点监控设备,主要包括除尘类、中央空调类、热力类、空压真空类、变配电类、制冷类、给排水类设备等。

物流设备:担负原辅料配送及成品出入库作业的关键性设备,包括机器人、AGV、堆垛机、分拣设备等。

嘴棒设备：滤棒成型及输送类设备，包括成型机、堆垛机、发射机等。

2.实施定点定标

定点要求：主要选取对人身和设备安全、产品工艺质量有较大影响的部位，维修难度大、备件价值高的部位，故障率较高的部位等。

定标要求：点检标准的设定应以设备生产厂家的技术资料、ISO 标准、国家标准或行业标准、设备长期运行所积累的经验数据、同类机型状态数据等为参考依据。日常点检标准内容以开机条件、产品工艺参数为主；专业点检标准内容以保障设备完好、稳定运行的设备性能指标为主；精密点检标准内容以能够反映设备性能劣化程度或劣化趋势的定量参数(通常为振动值、温度、电流、速度、压力等)为主。对于设备状态监控部位的监测周期，应对设备负荷、使用条件、润滑情况、工作环境、对生产的影响、实际使用情况、设备制造厂家的推荐值、设备劣化的浴盆曲线等因素综合研究后进行设定。

3.确定方法工具

设备点检的方法工具包括常规检查和离线(在线)仪器检测两大类。常规检查主要包括目视、触摸、耳听、鼻嗅、工装量具测量等方法。离线(在线)仪器检测主要包括振动检测、温度检测、红外热像检测、超声波检测、轴承故障检测、油液理化分析等手段，还包括设备本体自带的在线监测功能，如对设备加工过程质量、产品质量、原辅料消耗、运行效率、故障率等数据进行的检测。还可采用相对成熟的有线、无线式在线检测技术，重点对大功率风机、电机以及大型旋转筒体类设备的电流、温度、振动等关键技术参数进行在线检测，实时掌握其工作状态。

点检仪器的选取以成熟、可靠、适用、经济为原则，状态数据的选取应符合实用、方便的原则；对于自带软件的在线(离线)检测设备，应考虑其与设备状态监控系统的数据交互性。

4.制定工作流程

设备点检工作流程主要包括点检标准制定与优化流程、点检实施与异常处理流程，如图 3.1.2、图 3.1.3 所示。设备(点检)状态监控标准制定与优化流程中包括选取设备、部位、监控点，以设备的固定资产编码为基础，采用 EAM 系统中的编码规则编写点检设备编码，确定周期、方法、人员、路线等，并在实施过程中不断进行优化。

点检实施与异常处理流程包括点检计划的制订、现场实施以及对异常报警信息的审核、分析、处理等过程。对于采集的定量数据，由信息系统根据标准自动判断并对异常数据进行报警处理；对于采集的定性数据，由设备维修或设备状态监控有关人员进行判断，确定处理意见。对于需要进行处理的设备异常，可结合生产安排，制订维修计划并形成维修工单，在对设备维修后，相关人员应对维修效果进行确认和验收，根据需要形成异常分析报告。

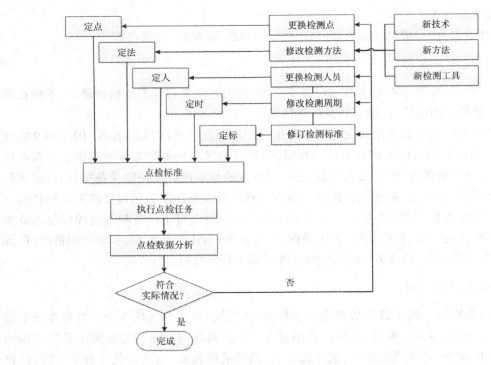

图 3.1.2　点检标准制定与优化流程

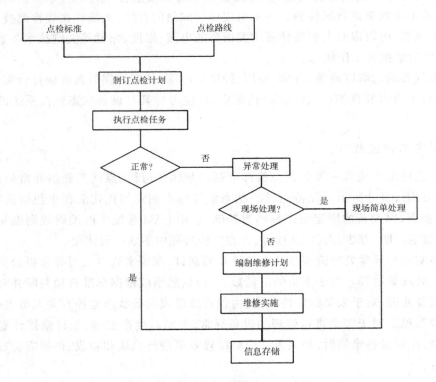

图 3.1.3　点检实施与异常处理工作流程

四、设备润滑

河南中烟设备润滑遵循"五定""三过滤"原则。

"五定"是指定点、定质、定量、定时、定人。定点,指确定每台设备的润滑部位和润滑点,保持其清洁与完整无损,实施定点给油。定质,指按照润滑图表规定的油质牌号用油,润滑材料必须经过检验合格,润滑装置和加油器具必须保持清洁。定量,指在保证良好润滑的基础上,实行日常耗油量定额和定量换油,做好废油回收,治理设备漏油,防止浪费,节约能源。定时,指按照润滑规程规定的周期加油、补油或清洗换油;对于重要设备、储油量大的设备,按规定时间取样化验,根据油质状况采取对策(清洗换油、循环过滤等)。定人,指按照润滑规程,明确操作工、维修工、润滑工在维护保养中的职责和分工,各司其职,互相配合。

"三过滤"是指入库过滤、发放过滤、加油过滤,是为防止尘屑等杂质随油进入设备而采取的净化措施。入库过滤即油液经运输入库,经泵入油罐储存时要进行过滤。发放过滤即油液发放注入润滑容器时要进行过滤。加油过滤即油液加入设备时要进行过滤。

河南中烟要求各卷烟厂制定主要生产设备润滑技术标准和设备润滑管理标准。公司已发布的主要机型润滑技术标准,各卷烟厂可直接引用或进一步细化后实施;对于未发布的机型,各卷烟厂按照公司要求并参照已发布的相应标准,结合设备实际状况和管理需要制定相应的机型润滑技术标准并实施。

设备润滑管理制度明确了技术标准制定,润滑计划生成、执行,油品采购、验收、存放、领用,废油回收,安全管理及检查考核等内容。设备润滑技术标准明确了润滑的部位、点数、油(脂)牌号、方式、周期、用油量及润滑点位置示意图等。设备润滑实施遵守"五定"要求,并在 EAM 系统填写设备润滑记录。

各卷烟厂建立润滑站(库),设备管理和使用部门设专(兼)职润滑管理员,负责设备润滑实施的检查考核。

下面以制造中心为例,简要介绍卷烟厂设备润滑管理。

制造中心设备管理部设专职润滑管理员,指导使用部门制定润滑技术标准,负责设备润滑的管理和考核工作。设备使用部门配置专(兼)职润滑工,按照设备润滑技术标准实施设备润滑,配备专(兼)职润滑管理员,负责部门设备的润滑管理和考核工作。

设备管理部负责润滑新技术、新油品、新装置及国内外先进经验的引进和推广应用。设备使用部门负责本部门润滑新技术、新油品、新装置及国内外先进经验的推广应用,根据本部门设备运行特点开展润滑点分类(A、B、C 类),按照设备润滑点的分类,分别制定管控措施。

A 类:对设备运行影响较大的润滑点;

B 类:对设备运行影响一般的润滑点;

C 类:对设备运行影响较小的润滑点。

设备管理部指导设备使用部门编制生产设备润滑技术标准,内容包含设备润滑部位、润滑点数、油品分类、润滑油(脂)牌号、润滑方式、润滑周期、用油(脂)量、润滑点位置示意图。润滑技术标准如有公司级的,直接引用公司级标准或者在公司级标准基础上增加内容,将其转化为厂级标准,已发布的标准由使用部门录入 EAM 系统执行,制度修订时同时更新 EAM 系统中的标准内容。

润滑标准制定依据主要包括设备使用维护说明书等原始资料、历史实践经验、实验或试用结果。新机型在投入使用前应制定设备润滑技术标准,在设备验收后一个月内完成标准发布。设备投入使用首次润滑前,设备管理部指导设备使用部门在 EAM 系统中对设备进行润滑标准定标,确定下次润滑日期。

润滑油(脂)的采购按照零配件采购管理办法执行。润滑油(脂)的验收、入库、领用按照零配件仓储管理规定执行。设备使用部门根据部门生产设备情况建立润滑站(点)。润滑站(点)的润滑油(脂)分类、分牌号放置,设置明显标识。贮油容器要专桶专用,密封严密。润滑油(脂)的储存应有专人管理,并做好收发存记录。存贮区域应通风良好、干燥、清洁。润滑站(点)的位置须远离火源、热源,灭火设施及电气安装须符合消防管理要求,不得存放易燃、易爆物品,应配备相应灭火器材。

设备润滑前润滑人员应做好润滑油(脂)的验证工作,做好同类型(机型)设备(润滑部位)的润滑油(脂)统一发放工作。设备使用部门相关人员按照 EAM 系统生成的润滑计划实施润滑工作,并及时填写润滑实施记录。设备使用部门建立设备润滑制度,对设备润滑执行情况及设备润滑现场按照设备润滑检查明细进行自查。

设备润滑部位应采取密封、加装接油盘等措施,防止润滑油渗漏而污染原料、半成品、成品等。设备使用部门应按部位需要和润滑油(脂)的不同规格、型号配备不同的润滑用具,润滑用具应标志清晰、专油专用、定期清洗。

设备使用部门在设备维保过程中产生的废油,统一收集在专用废油桶内封闭保存,并放置在润滑站(点)废油存放区域,满桶后填写"废油转移单",标注移交部门名称、废油种类(名称)、桶数,经办人员签字,移交部门设备主任签批后,联系安全管理部进行处理。安全管理部联系有资质的单位对废油进行处置。

因原使用的润滑油(脂)缺乏而需使用替代油品时,设备使用部门提出油品替代申请,说明替换理由及要更换的油品,由设备管理部审核后实施。更换的油品须符合润滑技术标准,或对润滑技术标准进行修订。在设备运行中发现润滑周期需要调整的,设备使用部门提出申请并说明调整原因,经设备管理部确认后实施,润滑周期调整时须符合或修订润滑技术标准。

设备润滑管理流程如图 3.1.4 所示。

五、设备维修

维修策略是设备维护体系的核心,决定着维修的有效性、可靠性和维修成本。河南中烟执行的是以预防性维修模式为主、多种维修模式相互补充的设备维修策略。针对卷烟工业企业设备特点和管理模式,各卷烟厂实施的设备维修模式主要有定期维修(计划维修)、状态维修、改善维修、故障维修(事后维修),轮保维修则是一种综合性维修方式。

（一）定期维修

定期维修是以设备使用时间为执行依据的预防性维修方式,它以降低设备元器件失效概率或防止功能退化为目标,是一种常见的预防性维修方式。

定期维修的特点:根据设备(部件)的磨损规律,预先确定维修类别、维修间隔期、维修工作量、所需的备件和材料,对设备进行周期性的维修。维修计划的安排主要以设备使用时间为依据。

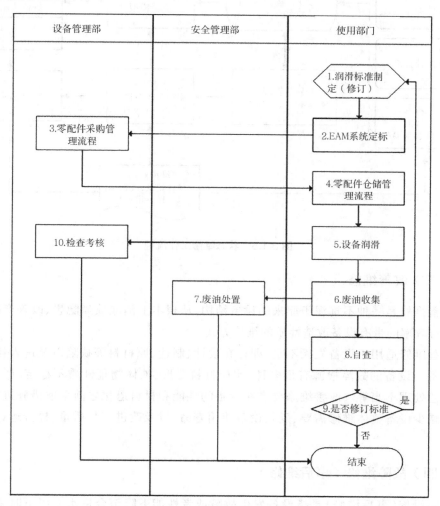

图3.1.4 设备润滑管理流程

（二）状态维修

状态维修以设备当前的实际工作状况为依据,而并非传统的以设备使用时间为依据,它通过先进的状态监测与诊断手段,识别故障的早期征兆,对故障部位、故障程度和发展趋势做出判断,根据研判结果决定对其进行更换或维修。其主要特点在于维修的预知性、针对性、及时性和维修方案的灵活多变。状态维修工作流程如图3.1.5所示。

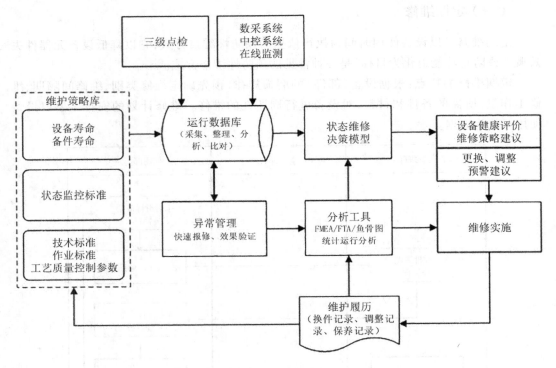

图 3.1.5　状态维修工作流程

（三）改善维修

改善维修是一种不拘泥于原来的设备结构，从根本上消除故障隐患、改善产品质量、提升运行效率的带有设备改造性质的维修方式。

改善维修适用于设备先天不足，即存在设计、制造、原材料等缺陷以及进入耗损故障期的设备。设备的故障根源有很多种，比如材料变形、液体物理性质不稳定、严重磨损、加工工艺处理不当等。改善维修要求在设备的性能和材料退化之前采取措施进行维修，可达到减少设备整体维修需要、延长设备使用寿命，以及改进产品质量、提升运行效率等效果。

（四）故障维修（事后维修）

故障维修（事后维修）是指设备发生故障或者性能下降至合格水平以下时采取的非计划性维修，或对事先无法预计的突发故障采取的维修方式。

该维修模式适用于故障后果不严重、不会造成设备连锁损坏、不会危害安全与环境、不会使生产前后环节堵塞、设备停机损失较小的故障后修理。

故障维修的特点是设备整体维持费用较低。其三个典型的步骤是：第一步，问题诊断，维修人员遇到故障要准确判断是否影响生产；第二步，故障零配件的维修，无维修价值的零配件直接进行更换；第三步，维修确认，做好记录。

（五）轮保维修

卷接机组、包装机组、成型机组等设备主要执行轮保维修模式。生产车间制定轮保技术要求和管理制度，制订月度轮保计划，开展设备状态信息（异常、故障）分析，进行轮保效果验收、跟踪及考核。设备管理部门对设备轮保执行情况进行检查考核。

轮保维修是卷包车间主机设备最主要的维修方式，是指卷接、包装等设备按计划停机后，由专门的维修小组循环、不间断地逐台进行强制性设备保养、点检与维修。其目的是在保证整体生产平稳运行的情况下，通过及时、适度的综合维护来保持设备应有的功能、精度和可靠性。该维修方式周期适当、过程紧凑、方式方法灵活，并已逐步实现标准化、规范化。该维修方式既考虑设备运行时间，按计划顺序强制性轮保，也考虑设备实际状况，根据设备状态监测分析结果对某台设备、某个系统优先轮保，及时解决设备存在的隐患及问题。轮保计划的制订是以设备三级点检结果为基础的，既有预防维修的内容，也有事后维修的内容，是一种融合多种维修模式的综合维保方式。

（六）轮保验收评价

轮保验收评价包括现场验收和跟踪验收两个环节。

1.现场验收

计划停机的设备轮保完成后，空运转设备，观察有无异常并及时调整解决，对于一些能模拟运行的关键部位，要进行模拟运行。生产中的设备在规定时间内完成设备轮保标准所列的项目及增加的项目后，卷包设备按正常速度运行1小时，生产出正品卷烟30万支，进行机台的产量、车速、质量、消耗指标验收。

产量验收，验证正常车速运行1小时是否能生产30万支卷烟。车速验收由机台操作工负责，验证是否一直可以正常车速生产。因设备原因造成的车速低于正常车速，判定为车速验收不合格；若机台操作工判定轮保检修设备车速不合格，轮保检修人员须在当天维修内容栏内对车速不合格的整改措施进行记录。生产特殊品牌卷烟的机台与高速机台的车速按最佳车速或车间要求车速进行。质量验收由轮班工艺员或轮班质检员负责，如判断轮保检修设备质量不合格，轮保检修组必须在当天轮保检修的维修内容栏内对质量缺陷整改、纠偏或监控措施进行记录。消耗验收由机台操作工负责，验收合格的记录各项消耗数据，验收不合格的记录不合格项。

2.跟踪验收

通过现场验收的轮保设备，进行故障跟踪验收和台时效能跟踪验收。

故障跟踪：对轮保养后机组的6个班次设备故障停机情况进行跟踪。记录生产过程中超过0.5小时的故障停机信息，以下情况除外：①非设备故障停机；②设备主传动系统故障、设备内部结构故障等非轮保标准覆盖范围的部位出现故障造成的停机；③操作工违章操作导致的停机；④设备改造、升级或项修等观察期间的停机。

台时效能跟踪：对轮保周期内设备台时效能进行跟踪，统计各设备轮保周期的台时效能完成情况,记录分班次台时效能。对于轮保养后没有连续运转6个班次或轮保周期的机组,按照实际运转班次进行统计。因生产特殊牌号,工艺要求必须降速生产的设备,按照要求车速核算台时效能。若出现无备件或备件质量问题,减除相应时间,该问题轮保组要上报相关技术员,由技术员核定并确认减除的时间。如轮班生产过程中发生备件供应不到位问题,轮班维修工要上报至相关技术员,由技术员核定并确认减除的时间。

六、特种和监视测量设备维护

(一)特种设备运维

特种设备是指涉及生命安全、危险性较大的锅炉、压力容器(含气瓶)、压力管道、电梯、起重机械、客运索道、大型游乐设施和场(厂)内专用机动车辆这几类设备。其中锅炉、压力容器(含气瓶)、压力管道为承压类特种设备;电梯、起重机械、客运索道为机电类特种设备。

设备管理部门和安全管理部门共同负责特种设备的使用与维护。设备管理部及使用部门分别建立特种设备台账,包括设备的安装位置、使用情况、操作人员及设备安全状况,设备管理部负责制定或指导使用部门制定相关的设备管理制度和安全技术操作规程。

特种设备操作要严格执行定人、定机、定岗位制度,设备操作人员必须经专业培训并持证上岗。锅炉、电梯操作、维修人员严格按照使用说明书要求操作、维保设备,认真填写工作记录,做好交接班,严禁违规操作。特种设备安全操作规程应张挂在操作间醒目位置,操作人员应熟记于心。锅炉房、电梯机房应设置安全警示标志,严格履行出入人员登记手续。

对于特种设备安全阀、压力表、钢丝绳、限位阀、卷扬机制动装置、精密测控装置等与安全密切相关的部件,要按照说明书要求或国家相关规定进行定期检查和更换。采购上述配件时必须确保型号、材质等与原机要求相符,并有产品合格证和"三包"证书,确认是正规厂家产品方可采购,与质量安全相关的资料应妥善保存。

安全管理部按照特种设备安全技术规范的定期检验要求,在安全检验合格有效期满前30天,向相应特种设备检验检测机构提出定期检验要求。设备管理部和设备使用部门配合、协助检验检测机构做好检验工作。未经定期检验或检验不合格的特种设备,不得继续使用。根据特种设备检验结论,通知各使用部门做好设备及安全附件的维修、维护工作,以保证特种设备的安全状况等级和使用要求。对于设备的安全检验检测报告以及整改记录,应建立档案,妥善保管。

使用部门对特种设备的安全附件、安全保护装置、测量调控装置及相关仪器仪表进行定期检修,填写检修记录,设备管理部按规定时间对计量仪器仪表进行校验,其他安全附件由安全管理部负责定期检验,校验合格证应当置于或者附着于该安全附件的显著位置,更换下来的合格证送交特种设备管理部门备案。

设备管理部定期对使用部门自行保养特种设备的执行情况、特种设备的安全性能进行监督检查,排查特种设备安全隐患;安全管理部对特种设备的安全性能、作业人员的规范操作、使用部门的现场安全管理状况进行监督检查,督促使用部门对特种设备使用过程中的不安全因素和特种设备安全隐患进行查改。

特种设备大修、改造要上报设备管理部和安全管理部批准,选择的大修、改造实施单位须具备相应资质,并书面告知政府监管部门,大修、改造验收合格后方能投入使用,使用单位不得随便对特种设备进行割、补、焊、改等。

（二）监视测量设备运维

监视测量设备是为判定产品及其实现过程符合性提供依据的仪器、装置和设备的统称。除了参照一般设备进行使用和维护外,监测测量设备的日常使用和维护还须按照《监视和测量资源管理程序》的要求执行。

1.检定/校准

设备管理部根据监视测量设备的检定/校准周期,以及上次检定/校准的时间,每月编制监视测量设备(仪器)月度检定计划,依照计划开展监视测量设备分批次送检或现场检定/校准确认。根据相关要求和企业自身条件,确定监视测量设备检定/校准是采用自行方式还是委外方式。

使用部门在监视测量设备使用过程中发现有不在当月检定计划内但示值误差波动过大、异常、损坏等情况时,及时联系设备管理部提前进行检定、校准。

2.日常维护保养

使用监视测量设备前,应先检查其是否在校准周期内,确认标识是否完好,计量性能是否稳定可靠。监视测量设备使用部门应建立仪器操作技术规程,并对使用人员和新到岗人员进行相关培训,未经过培训的,不得上岗操作。使用者应正确使用监视测量设备,做好监视测量设备(精密仪器)的维护保养工作并做好记录,保证监视测量设备处于完好状态(附件完整、标识清晰、清洁、附带合格证明等)。

在搬运、储存监视测量设备时,要按设备说明书等的有关要求采取相应的保护措施,搬运过程中应尽可能减少震动,并采取防护措施,以免影响其准确度;精密监视测量设备搬运后要重新进行检定/校准,确保其准确度和适用性保持完好。

对于闲置一年以上的监视测量设备,使用部门提出封存申请,设备管理部核实并批准,予以标识,实施封存;重新启用的监视测量设备由使用部门进行计量检定/校准,检定合格后方可投入使用。

使用部门要做好本部门监视测量设备的日常巡查工作,每月至少检查一次监视测量设备的使用、保养、维护情况,要求表面清洁、无污物、标识清晰、性能稳定可靠,并填写计量管理工作巡查记录,确保监视测量设备处于有效状态。

属固定资产的监视测量设备在使用过程中出现故障需进行维修时,使用部门应及时组织自主维修或委外维修并做好维修记录。维修后的监视测量设备,重新进行计量检定/校准合格后方可投入使用。

出现故障的监视测量设备必须停止使用,该设备对生产的产品检验和试验的结果无效。故障前后检验和试验的产品由质量管理监督部门和监视测量设备使用部门按照《卷烟产品标识和可追溯性管理规定》中的要求采取相应的措施进行处理,避免出现质量事故。

第二节 设备状态监控管理

卷烟厂设备状态监控管理是指以设备"三级点检"为核心的设备检维修管理,卷烟厂设备状态监控管理体系是卷烟厂设备检维修管理体系的重要组成部分。设备状态监控包括设备点检和设备维修两大部分内容,前者是后者的前提,通过实施点检收集、分析设备实际状态信息,提出维修建议,后者是前者的效果验证和工作目标,二者结合形成的相关标准制度和运行机制共同构成了卷烟厂设备状态监控管理体系。

一、设备状态监控管理体系

(一)设备状态监控管理体系的意义

1.设备状态监控管理体系是设备检维修管理体系的核心

设备状态监控管理体系是设备检维修管理体系的核心和重要组成部分。设备状态监控管理流程依托企业检维修管理流程实现,设备检维修管理覆盖企业所有的设备和部门,脱离了企业整体设备检维修管理体系,设备点检和状态监控将成为无源之水。只有明确了设备点检和状态监控同检维修管理体系的关系(见图3.2.1),明确了设备点检和状态监控的定位,才能确保设备点检和状态监控健康、持续、深入开展,并促进设备检维修管理水平不断提升。

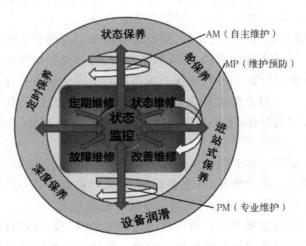

图 3.2.1   设备状态监控和检维修关系

2.设备状态监控管理体系建设是推动设备寿命周期管理提升的引擎

设备寿命周期管理的主要任务是以生产经营为目标,通过一系列的技术、经济、组织措施,对设备的规划、设计、制造、选型、购置、安装、使用、维护、维修、改造、更新直至报废的全过程进行系统管理,以实现设备寿命周期费用最经济、设备综合产能最高的目标。设备状态信息分析结果除了直接应用于运维管理阶段,对设备实施科学、合理的维修活动外,随着设备点检和状态监测工作的持续深入,对包含设备状态信息的数据的不断积累和挖掘,依据设备状态信息综合分析及健康状态评价结果,还可以为设备改造、更新、报废等处置管理的科学决策提供有效的信息和数据支撑,也可以为设备的规划、设计、制造、选型、购置和安装等投资管理的科学决策提供有效的信息和数据支撑,改变设备前期阶段管理和后期阶段管理主要依靠工作经验或临时研究进行决策的弊端。设备状态监控管理是设备寿命周期管理基础信息和数据的重要来源,设备状态信息综合分析应用贯穿于设备整个寿命周期,是推动设备寿命周期管理提升的引擎。

（二）设备状态监控管理体系的内涵

设备状态监控管理体系是指经过系统策划,为满足企业发展需要,通过采取一系列的技术、经济、组织措施,对设备进行的状态监测(信息采集、统计、分析、研判)和维护维修(保养、润滑、计划维修、状态维修)等管理活动,所形成的相关目标、机构、流程、标准、文件及模式等要素构成的整体。

卷烟厂设备状态监控管理体系的基本内涵可以概括为"1324",即以持续提升设备预知性维修水平,实现运行状态最优、维护成本最低为目标,以设备三级点检工作为基础,以设备本体健康状态评价和设备状态监控工作评价为驱动力,以持续强化人才、管理、技术、信息化四项基本支撑为抓手,通过持续完善和优化,建立一套用于指导卷烟厂设备检维修工作的标准管理模式及长效运行机制。

卷烟厂设备状态监控管理体系是在设备三级点检持续开展的基础上,为促进工作深入开展和取得理想的效果,通过不断进行管理和技术创新,逐步形成的设备状态监控管理体系。设备状态监控管理体系架构图如图3.2.2所示。

1.一个追求目标

设备预知性维修水平持续提升,实现运行状态最优、维护成本最低是设备状态监控管理体系追求的目标。以运行状态最优、维护成本最低为目标,按照"系统、先进、可行、高效"的原则,建立起一套适合卷烟厂的设备状态监控工作流程、标准及模式,突出过程管理和结果运用,不断提高设备预知性维修水平,确保设备安全、经济、高效、稳定运行。一方面,要以设备状态信息为主线开展设备状态的获取、分析、应用,实施设备检维修,追求设备运行状态最优、维护成本最低;另一方面,要开展设备状态监控策略综合评估,合理确定开展设备状态监控的范围、规模、人员、检测手段和费用投入,追求状态管理模式与企业发展需求相匹配。

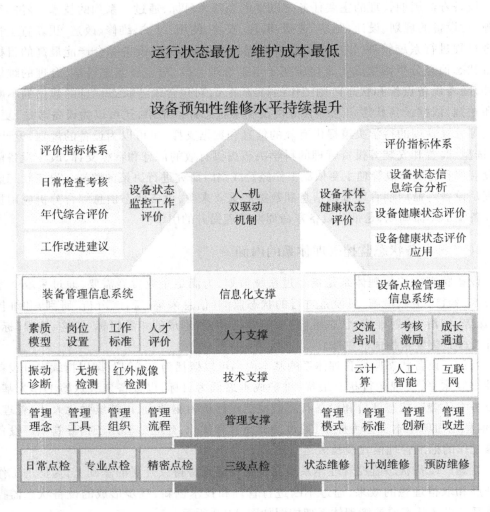

图 3.2.2   设备状态监控管理体系架构图

2.三级点检模式

实施以操作工日常点检、维修工专业点检、点检员精密点检的全员参与点检模式是设备状态监控管理体系的基础,这是管理体系运行的基石及核心。操作工主要通过感官,对设备开机和运行条件类因素进行日常点检;维修工主要通过感官,借助监测工具,对设备关键部位进行专业点检;专(兼)职点检员主要借助专业检测诊断工具,定期对设备关键部位进行精密点检,综合分析设备异常信息,指导状态维修和计划维修的实施,并跟踪验证维修效果,形成设备异常状态信息管理闭环。设备状态监控是以设备三级点检为核心发展而来的,坚持做好设备三级点检闭环管理是设备状态监控持续发展的基础。

三级点检模式包含管理和技术两层含义,管理内涵包括全员参与、健康理念、精益原则等手段在设备状态信息获取、分析和应用过程中的综合运用,技术内涵包括人体五感、实践经验和检测诊断技术等手段在设备状态信息获取、分析和应用过程中的综合运用。不断增加的先进检测诊断技术的应用是对设备状态监测的有效技术补充。

3.设备和工作评价

1)设备本体健康状态评价

应用行业设备健康管理研究成果,细化和拓展行业设备管理绩效评价指标,建立设备本体健康评价指标库,从设备状态管理、运维管理和效能管理三个维度建立设备健康状态评价模型和标准,对关键设备实施本体健康状态综合评价。为设备轮保、项修等维修计划的制订提出意见或提供依据,为设备检维修策略的优化调整及管理模式的升级完善提供依据,为设备大修、改造、购置等固定资产投资计划立项提供依据和参考。通过实施设备本体健康状态评价及应用,以设备健康状态信息驱动设备状态监控管理以及设备全寿命周期管理工作。

2)设备状态监控工作评价

设备状态监控工作评价包括对部门及相关人员的设备状态监控工作的评价。基于行业设备管理绩效评价办法和设备状态监控工作特点,建立设备状态监控指标库,形成设备状态监控评价指标体系,结合企业整体目标管理模式要求,对设备状态监控工作的过程管控和实际效果,采用系统抽查、现场检查和年度评价等方式,对设备状态监控参与人员的工作能力、过程、效果、创新等进行综合评价,实施"奖优罚劣"措施,提高员工工作积极性,推动专业人才队伍建设,对各车间设备状态监控工作进行综合评价和对比,提出工作改进建议和努力方向。通过建立和运作设备状态监控管理工作和人才评价机制,驱动管理体系持续完善和升级。

4.四项基本支撑

1)人才支撑

高质量的专业人才是设备状态监控工作得以持续、深入开展的关键要素和重要支撑。设备状态监控管理不仅需要拥有大量具有扎实的专业知识和丰富的检维修经验的维修人才,而且需要掌握先进设备检测诊断技术的复合型人才,以及相关状态管理人才。立足加强人才队伍建设,在系统规划专业人才配置需求、评价方案、成长通道的基础上,建立状态监控队伍人员素质模型,开展分层、分级、培训和交流,逐步培养和建设状态监控精干"三支队伍",为设备状态监控工作的有效实施和健康发展注入不竭动力。

2)管理支撑

管理的意义在于更有效地开展活动,改善工作,更有效地满足客户需要,提高效果、效率、效益。管理是搞好设备状态监控工作的重要基础和支撑。作为企业设备管理的重要一环,搞好设备状态监控管理对于做好设备运维管理、成本管理乃至全寿命周期管理具有重要的支撑和促进作用。通过明确工作目标和原则,成立机构和配置人员,编写标准并组织实施,开展评价考核,改进完善工作模式等,设备状态监控管理工作中的各项职能活动达到标准化要求;通过建立健全工作标准、管理标准和技术标准,企业建立了"三标一体"标准化管理体系,形成了设备状态监控管理的长效机制。

3）技术支撑

现代设备点检和状态监测离不开先进技术的有力支撑，后者的进步为前者提供了新的设备状态检测技术和手段，也不断支撑和推动着设备状态监控管理的持续创新和发展。设备检测诊断技术是设备状态监控的核心支撑技术。设备检测诊断技术为状态监控提供技术支撑，状态监控为检测诊断技术的实施提供平台。如果检测手段落后，设备的劣化不能及时、准确地诊断出来，则无法实施状态维修。及时跟踪并采用新的检测技术、数据分析技术，运用在线诊断、实时监控、人工智能等相关技术，不断完善监测与分析手段，才能提高状态信息获取的有效性、便捷性、经济性。此外，设备与工艺技术、数据传输技术、维护维修技术也是设备状态监控的重要支撑技术。

4）信息化支撑

近年来，我国积极倡导两化融合，推动信息技术应用，努力实现信息资源高度共享，人的智能潜力以及社会物质资源潜力得到了充分发挥，个人行为、组织决策和社会运行趋于合理化的状态。两化融合的核心就是信息化支撑，追求可持续发展模式。同样，信息化是设备状态监控管理的重要支撑，推动着设备状态监控持续发展。通过现代通信、网络、数据库等信息化技术的应用，建立设备状态监控信息系统，实现了工作流程信息化，以及监测数据的自动收集、整理、分析与应用，为设备预知性维修提供支撑，为设备状态监控人员的业绩考核提供依据，促进设备状态监控标准的持续优化及设备状态监控水平的不断提升。

（三）卷烟厂设备状态监控管理模式

1.基本原则

——突出重点。把提升卷烟厂重点设备及关键部位状态的把握能力和安全稳定运行作为推进工作的出发点，深入开展设备状态监控研究工作。

——全员参与。把全员参与作为推进工作的根本，充分调动全员参与设备状态监控工作的积极性，努力增强"设备运行状态"监控能力。

——人机结合。把人的感性判断与机器的理性判断相结合，作为推进工作的着力点。如在发挥人的经验和直觉判断的基础上，运用常规感官监测手段对设备状态进行定性分析；运用机器的逻辑思维能力、准确性等，融合检测、信息、状态数据分析等技术，对设备状态进行定量分析。

——持续改进。把持续改进作为推进工作的不竭动力，不断转变思想观念，创新工作方法和手段，持续优化和改进，逐步提升设备预知性维修水平。

2.监控对象

通过开展设备分类和分级，合理选取监控设备，通过功能单元分解、FMEA风险分析等，合理选取监控部位。监控设备应包含对安全、生产、质量和能源等影响较大的设备，并可根据监控效果及企业需要进行动态调整，主要包括以下设备：

——制丝设备中承担重要工艺指标的主机设备，对生产线连续运行影响较大的辅助性设备,包括增温增湿类、加料加香类、切丝类、烘丝类、叶丝梗丝膨胀类、风送除尘类、检测与控制类等设备。

——卷包设备中的卷包装类、存储输送类、送丝除尘类等设备。

——动力设备中的无冗余、大功率旋转及配电设备,包括中央空调类、热力类、空压真空类、变配电类、制冷类、给排水类等设备。

——物流设备中的担负原辅料配送及成品出入库作业的关键性设备,包括机器人、AGV、堆垛机、分拣设备等设备。

——嘴棒设备中的滤棒成型及输送类设备,包括成型机、堆垛机、发射机等设备。

3.状态检测策略

根据设备以及设备功能单元的重要程度、设备生命周期特点、设备的故障频率、设备健康风险点等进行状态检测策略的规划:

针对关键功能单元,不便人工检测,可以选择在线监测方式。

针对主要功能单元,可以选择维修工专业点检方式,必要时可以采用以专职点检员为主的精密点检方式。

针对次要功能单元,可以采用以操作工为主的日常点检方式。

检测不同的设备可以侧重于某种方式,但是要始终坚持全员参与、人机结合,多种方式综合运用。

4.在线监测管理

现在设备结构和工作过程越来越复杂,传统的手摸耳听或使用简单仪器仪表等点检手段已经不能够满足设备管理的需要,要适时建立在线监测系统,对重点关键设备实行在线监测管理。

在线监测系统主要是通过对设备技术状态、生产工艺信息以及质量数据的在线采集、集成和监测等,更加科学、全面和动态地掌握设备技术功能状况,实现对设备技术状态按等级分类和预报警、查询及信息数据储存和应用管理等功能。但应考虑在线状态监测数据量大,对数据处理的技术要求较高,投入成本高,实施难度大。

5.离线检测管理

对设备进行离线检测管理,主要通过人工实施来实现,包括以操作工为主的日常点检、以维修工为主的专业点检、以专职点检员为主的精密点检。

操作工主要通过感官,对设备开机和运行条件类因素进行日常点检;维修工主要通过感官,借助监测工具,对设备关键部位进行专业点检,分为机械专业、电气专业点检和轮保点检;专职点检员主要借助仪器,定期对设备关键部位进行精密点检,对三级点检产生的异常信息,利用长期积累的点检数据、图形、图像进行审核、分析、筛选,提出维修建议,对维修结果进行跟踪验证。

6.设备维修管理

应用EAM系统维修管理模块功能,收集设备操作、保养、润滑、点检等工作中发现的设备异常信息,以及设备生产运行或产品工艺质量信息,采取即时维修或综合分析后下达维修工单,按照工单要求实施状态维修,并对维修效果进行检查验收和效果追踪验证。

同时,基于 EAM 系统建立的故障管理流程,依托故障体系树和故障案例库,建立故障闭环管理模式,又称为 ROOF(基于风险预控的零故障管理)模式。对设备重点功能单元的故障频率、停机时间、备件更换周期等开展分析,结果应用于指导开展维修,以及对设备保养、点检、润滑等技术和管理标准进行优化和完善。

二、 制丝设备状态监控管理

(一)设备特点

制丝生产线的特点是工序复杂、流水线作业,一台设备发生故障可能会导致整个工艺段停机,并且环境条件和工艺参数对在制品的质量影响比较大。制丝设备机型种类较多、数量多,但是机械结构相对简单、传动级别较少,工艺线的设备机型却相差不大。目前制丝车间已经实现了较为完善的设备自动化控制和设备基础运行信息采集,并且建立了相应的数据管理平台。制丝设备现场如图 3.2.3 所示。

图 3.2.3　制丝设备现场(真空回潮机)

(二)状态监控模式

制丝车间主要选取承担重要工艺指标的主机设备以及对生产线连续运行影响较大的辅助性设备作为重点监控对象,主要包括增温增湿类、切丝类、干燥类、输送与存储类、风送与风选类、叶丝梗丝膨胀类、检测与控制类等设备。设备三级点检以专业点检和精密点检为主,日常点检为辅,设备状态监控整体实行以零停机、零质量缺陷为追求目标,以工艺质量为导向,三级点检、设备工艺性能点检、设备重要部位在线状态监控相结合的模式。制丝设备状态监控模式如图3.2.4所示。

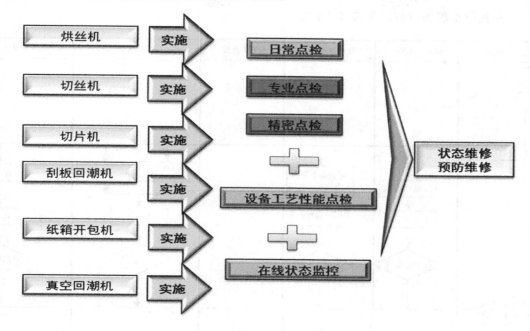

图3.2.4 制丝设备状态监控模式

(三)工作岗位及流程

操作工负责本岗位日常点检,维修人员实施专业点检,提交的异常报告经状态监控管理员审核后,判断是否进入维修流程。精密点检由精密点检员和专家级点检员共同完成。精密点检员实施精密点检并对采集的数据进行简单分析和处理,专家级点检员对数据进行深入分析,判定设备状态,对技术标准进行优化。维修人员按照在线关键检测设备工艺性能点检要求开展设备工艺性能点检。专家级点检员关注责任区域设备重要部位在线状态数据,进行关联性分析,判断其运行状态,及时对异常状态进行处理。

制丝设备状态监控管理流程如图3.2.5所示。

三、卷包设备状态监控管理

(一)设备特点

卷包车间主要生产设备包括送丝除尘类、卷接类、包装类、存储输送类及残烟处理类等设备。卷包设备制造精度及自动化程度高,设备结构复杂,传动机构位于设备内部,传动形式和传动级数多,检测点的振动叠加较多,实施状态监控和故障诊断的难度大。同时,卷包车间设备从生产流程上看呈"纺锤体"结构,上游是"一对多"的风力送丝和工艺除尘系统,中间是多组卷包机组,下游是"多对一"的条烟输送系统、装封箱机、烟箱输送系统。"纺锤体"上下两端运维资源配置薄弱,"牵一发而动全身",一旦发生故障,可导致整条线多台卷包机组停机。

卷包设备现场(局部)如图 3.2.6 所示。

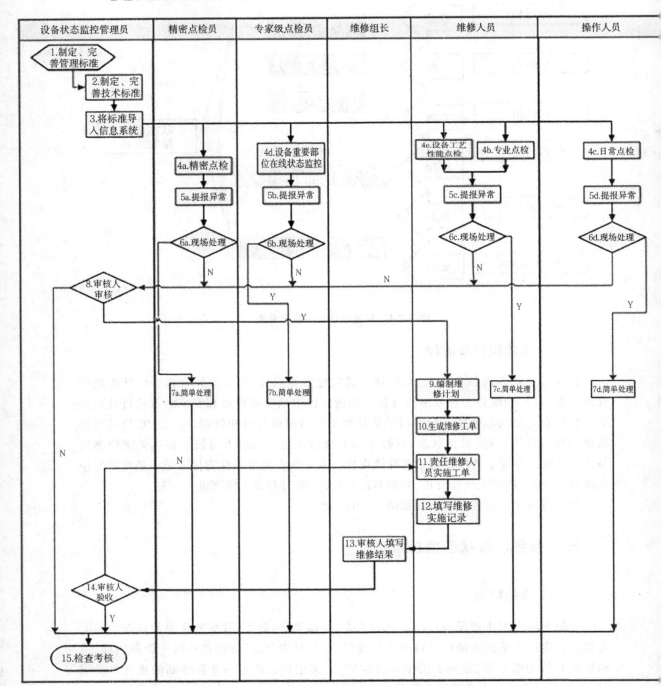

图 3.2.5　制丝设备状态监控管理流程图

图 3.2.6 卷包设备现场（局部）

（二）状态监控模式

卷包车间的重点监控对象为直接参与烟支卷制与包装的设备、烟支输送设备，以及风力送丝系统、工艺除尘系统、条烟输送系统、装封箱机、烟箱输送系统。

设备状态监控模式以三级点检为核心，操作工以满足开机条件、产品工艺质量参数管控的日常点检为主；维修工以卷包机组轮保养时的机械和电气专业点检为主；对于严重制约生产的风送除尘设备，操作工和维修工使用巡检仪进行日常点检和专业点检；点检员重点监控无法轮保的制约部门生产的风力送丝系统、工艺除尘系统、装封箱机、条烟和烟箱输送线以及卷包机组传动组件等设备。

卷包车间的设备状态监控以卷包机组轮保养的专业点检和公用辅联设备的日常点检、精密点检为两条主线，依据点检数据制定检修方式和检修计划，主要在轮保中对设备状态监控部位实施状态维修。卷包设备状态监控模式如图 3.2.7 所示。

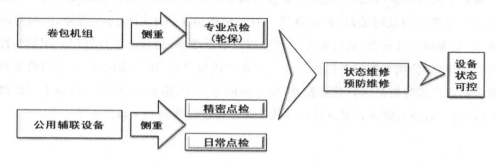

图 3.2.7 卷包设备状态监控模式

（三）监测手段

卷包车间状态监测手段分为常规检查和状态检测仪器、在线监控装置三大类。常规检查主要包括目视、触摸、耳听、鼻嗅等感官检查和工装、量具、塞尺、直尺等简单工具的测量，主要用于操作工的日常点检和维修工的专业点检。状态检测仪器主要包括振动分析仪、热红外成像仪、频闪测速仪、超声波检测仪等。点检员主要使用振动分析仪对电机、风机、齿轮箱等部位实施检测；使用热红外成像仪对电气柜、端子排、变压器、电机外壳等发热设备实施检测；使用超声波检测仪对轴承磨损、电气柜接触不良放电、密封泄漏等异常实施检测；频闪测速仪主要用于卷烟机烟支交接传递检查和电机、风机测速等。

同时，对部分卷包机组和辅联设备开展实时在线状态监控，包括对 ZJ116 卷烟机的刀头、蜘蛛手风机等部件和 ZB48 包装机的烟支推进器、内衬纸切刀等部件的实时监测，对条箱输送系统和风力送丝及工艺除尘系统的电机、风机、变频器的振动、电流、电压、温度等参数的实时监测，通过对获取的连续数据进行检索、分类、归集、比对，预测设备的运行状态趋势，自动发出预警信息。

（四）工作岗位及流程

卷包车间设置 1 名状态监控管理员，归车间设备主任领导，负责车间的设备状态监控管理工作；卷接、包装、公用设备各设置 1 名专职点检员，3 个卷包设备轮保组各设置 1 名卷烟、包装兼职点检员，公用设备组设置条箱输送及装封箱机兼职点检员、除尘风送兼职点检员、公用设备兼职电气点检员。专职点检员以设备点检相关工作为主，承担部分检修任务；兼职点检员以轮保检修为主，点检为辅，负责督促维修小组完成点检任务，填写点检和 EAM 工单。

卷包设备状态监控管理流程如图 3.2.8 所示。

（五）维修模式

卷包车间采取事后维修、预防性维修和状态维修等维保模式。跟班维修工主要实施设备发生故障后的及时抢修；轮保维修工对卷包机组主要采用预防性维修，同时对不影响质量、设备和人身安全、运行效率的部位采用事后维修，对状态监控部位采用预知性为主的状态检修；公用辅联设备维保组主要对除尘送丝系统、条箱输送线、装封箱机等设备根据设备状态监控结果进行状态维修，对车间的登高车、拖地机、照明等设备采用最经济的事后维修；对设备健康状态评价得分较低的设备进行项修和大修。

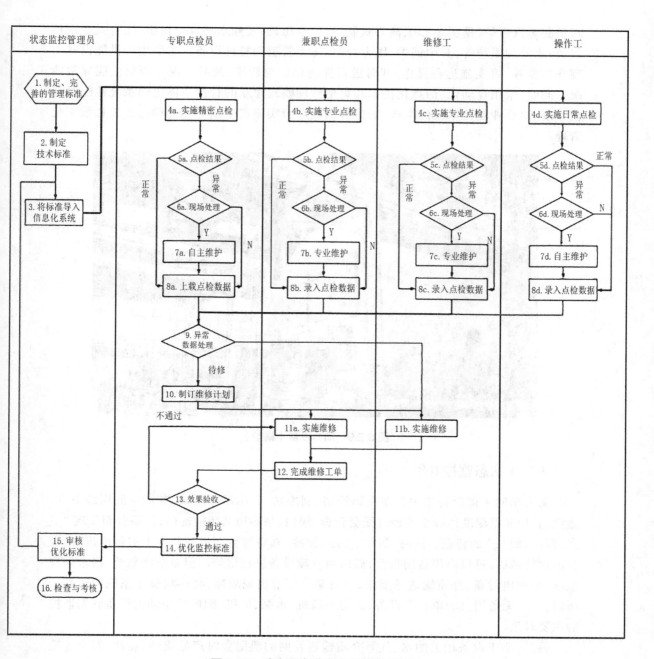

图 3.2.8　卷包设备状态监控管理流程图

四、动力设备状态监控管理

(一)设备特点

动力设备的主要作用是提供能源。动力车间主要设备有高低压配电系统、燃油燃气双炉胆蒸汽锅炉（见图3.2.9）、离心式制冷机、空压机、变频水环真空机组、组合式空调机组、污水处理系统等，其中锅炉、压力容器、压力管道为特种设备。主要生产供能设备实现集中监控，可实施远程操作，即时进行能源供应与调度，及时发现并调整供能异常情况。同时，采用自动化、信息化技术和集中管理模式建立的管控一体化的系统性能源管控系统，对企业能源系统的生产、输配和消耗环节实施集中扁平化的动态监控和数字化管理。

图3.2.9　动力设备（锅炉）

（二）状态监控对象

动力车间主体设备集中分布在锅炉房、制冷站、空压站等区域，其产生的压缩空气、蒸汽、负压和温湿度达标空气经过配套管道、阀门、泵输送到用能部门，设备分布呈现"点多、面广、线长"的特点。同时，锅炉、空压、制冷、真空等生产设备基本上有备用机台，设备出现故障后，可以启用备用机台，然后对故障设备进行维修。但是空调系统、污水处理系统、变配电设备、介质输送系统中，一旦某个环节出现故障，将影响整个系统的运行。所以，对于无备用机的单台套设备，大功率风机、水泵、电机、配电柜是动力设备状态监控的主要对象。

另外，鉴于设备相关的水、气等介质输送管网的泄漏会对产品质量、能耗、安全等造成极大的影响，故除了监控设备本身的参数、性能、状态外，还要监控管网管线的状态，关注管网泄漏和安全防控，实现设备状态可控、安全风险可控和质量风险可控。

（三）状态监控模式

动力设备中高端大功率旋转设备居多，且多为单级传动。大功率旋转类设备和大功率变配电设备重点实施精密点检，所有设备可通过日常点检及时发现设备运行过程中的设备异常和隐患。所以，动力设备状态监控以日常点检和精密点检为主，大功率旋转类设备和大功率变配电设备侧重于精密点检。

三级点检全部采用"巡更点检"方式。精密点检员使用点检仪进行现场点检,运行工和维修工使用巡检仪到设备现场进行点检,且必须在规定的时间内完成巡查(在规定时间内无点检任务,系统统计为漏检)。

采用"设备、安全和质量"综合点检实施模式。将排查安全风险管控点和管控项纳入点检范围。重点安全风险管控点包括锅炉房、配电室、空压站、地下管廊、消防管网等区域。重点安全风险管控项包括锅炉房天然气泄漏,配电室屋顶及门窗漏水,空压站空压气泄漏,地下管廊水、气及蒸汽泄漏,消防管网漏水等。鉴于组合式中央空调安置在制丝车间、卷包车间、贮丝房及卷烟材料库房的上方,曾发生中央空调室冷媒水、纯净水机蒸汽冷凝水泄漏,危及原辅材料及产品质量的现象,将空调室水及蒸汽泄漏作为产品质量风险项纳入点检范围。

动力设备巡更点检如图 3.2.10 所示,动力设备状态监控模式如图 3.2.11 所示。

图 3.2.10 动力设备巡更点检

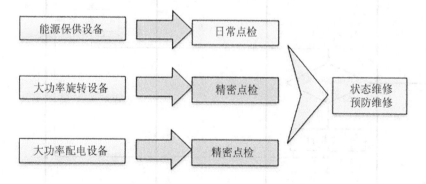

图 3.2.11 动力设备状态监控模式

(四)工作岗位及流程

动力车间 4 个运行班执行四班三运转模式,4 个维修组分为夜班和白班。运行工负责实施设备日常点检,维修工负责实施专业点检,按周期对承包的设备或区域进行点检,点检员负责实施精密点检,按周期分设备类别或区域进行点检。

　精密点检采用"专家+青工"方式,实现专业技能传帮带。按照"分工明确、重在分析、指导维修"的原则,配置4名大学生作为精密点检实施人员,按照任务排程对设备进行点检。选择具有20多年维修经验的锅炉、制冷空调、水处理和空压机等方面的4名专家作为精密点检分析员,从工作机理到特征表现对精密点检中发现的异常进行状态分析,将分析结果用于指导预知性维修。

　动力设备状态监控管理流程如图3.2.12所示。

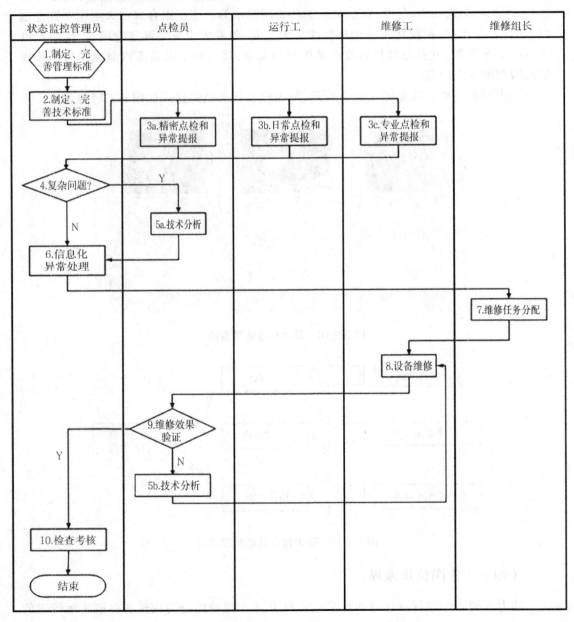

图3.2.12　动力设备状态监控管理流程图

五、物流设备状态监控管理

（一）设备特点

物流设备的主要作用是为卷烟生产提供存储和转运服务。物流分中心下辖成品高架库、原料高架库、辅料高架库三个库区，包括堆垛机、机器人、AGV、分拣线等主要物流设备，涉及 RFID、条形码、数据库、现场总线、网络通信、红外通信、无线通信、激光定位等诸多技术应用。其集光、机、电、信息技术于一体，可实现原料、辅料及成品卷烟的巷道式存放和自动化存取，具有系统性关联度大、自动化程度高、控制系统复杂、系统运行停机损失大、以信息系统为主线等特点。

物流设备工艺流程涵盖从原料仓储、烟叶组配到成品件烟入库、出库发货整个卷烟生产销售流程，具有鲜明的流程性特点。例如，原料高架库配置三条出库输送线，分别对应制丝 3000、5000、8000 生产线，任何一台设备出现故障停机都会影响其对应生产线的原料输送。成品入库分拣线出现故障，会造成成品件烟无法入库、卷包生产机台停机等问题。

物流设备现场如图 3.2.13 所示。

图 3.2.13　物流设备现场（成品入库）

（二）状态监控模式

物流设备状态监控实行的是以状态监控信息系统为基础，物流故障信息管理系统支撑验证，"三级点检 + 在线状态监测"相结合的状态监控模式。

操作工执行日常点检，由操作工每日开班前对设备表面及周围清洁情况、设备开机运行状态等进行简单的清理测试；维修工（片区负责人）利用设备运行间隙，对负责片区设备执行专业点检，周期为每周一次（长白班人员白天点检，跟班人员当班点检）；精密点检员则根据点检计划每天对重点主机设备执行精密点检。

在线状态监测是跟班人员（维修工 + 操作工 + 中控工）在当班期间，依托物流故障信息管理系统，利用手持 Pad 或电脑终端，每班巡检各项设备参数一次；如发现设备出现异常状态，则根据设备及实际生产情况及时组织维修。

（三）工作岗位及流程

物流分中心实行"三纵两横"网格化管理的检维修工作模式,轮保、维修、中控三组并行,机型负责人、片区负责人横向贯穿管理,强化网格单元设备的点检、维修和保养工作。

物流设备故障信息管理系统通过主机和设备互联,建立信息处理数据库和物流故障管理信息终端,对物流设备故障信息、主要运行参数进行采集分析;设备故障的相关数据及图形化界面通过 Web 服务器发布,设备管理和维修人员可第一时间通过手机 App 接收到故障报警信息,还可以通过电脑终端和手机查询实时故障监控、实时图表、历史图表、设备资料等内容,从而能够有针对性地制订物流设备维修保养计划及备件采购计划。

物流设备状态监控管理流程如图 3.2.14 所示。

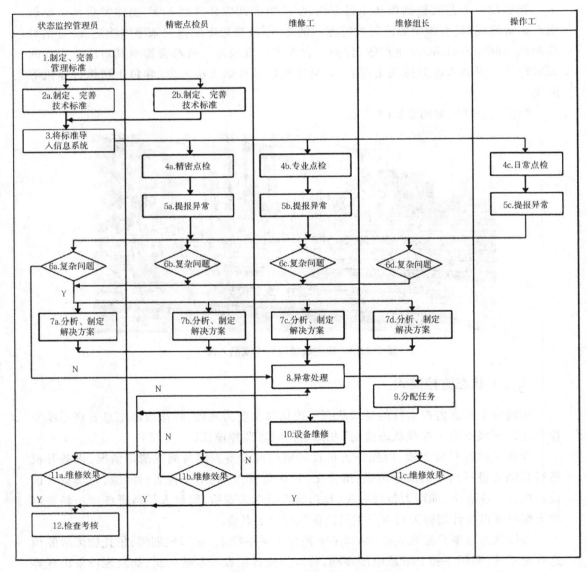

图 3.2.14 物流设备状态监控管理流程图

六、嘴棒设备状态监控管理

（一）设备特点

嘴棒设备的主要作用是生产和供应嘴棒，主要包括成型机组（见图3.2.15）、高架库、发射机组等。成型机组的结构和原理同卷接机组类似，高架库是典型的物流设备。成型机组设备制造精度及自动化程度高，传动形式和传动级数多，部件排布密集，传动机构多位于设备内部；高架库堆垛机无冗余，发生故障时易引发瓶颈效应，设备运行时人员无法进入库区；由于发射机需配合卷包车间轮保设备，只能对相应的发射通道进行检查，无法使整个机组停机。

图 3.2.15　嘴棒设备现场（成型机组）

（二）状态监控模式

在设备轮保过程中，很多平时无法进行点检的部位可以解体点检，且效果不错，可解决很多设备初期的异常问题，不至于发展为故障。因此，将状态监控模式确定为以精密点检和轮保专业点检为主的模式。

嘴棒成型机组以轮保专业点检和精密点检为主，操作工日常点检为辅；堆垛机以轮保专业点检为主；发射机以日常点检和专业点检为主，并以轮保时段实施状态维修为主，持续完善点检标准和实施过程。

（三）工作岗位及流程

操作人员根据点检计划按时点检，对异常进行现场简单处理（润滑、调整、清洁、更换），并在系统中录入点检结果。维修人员登录设备状态监控系统，了解设备异常报警情况,根据点检计划对负责区域的设备进行点检,并将点检结果反馈给维修组长。点检员根据生产安排调整日常点检和专业点检计划,根据轮保计划排程轮保点检任务和排程精密点检任务,处理报警记录,到现场对点检部位进行检测,并对完成的点检维修工单进行效果验收。

嘴棒设备状态监控管理流程如图3.2.16所示。

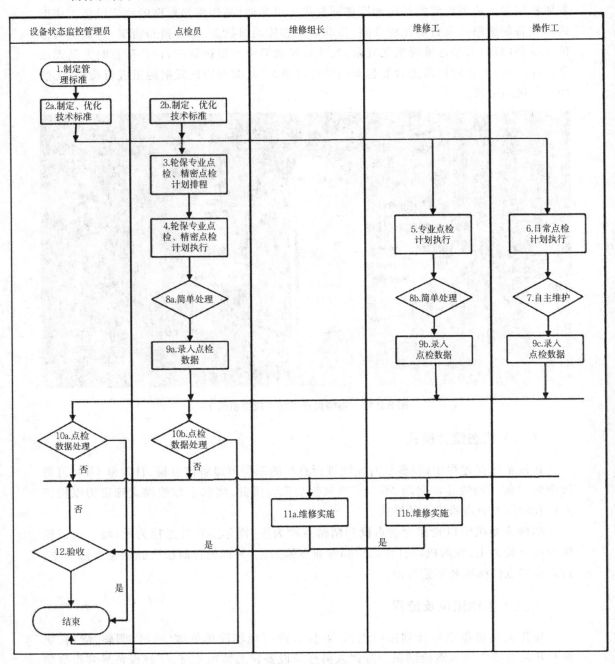

图 3.2.16 嘴棒设备状态监控管理流程图

第三节　设备健康管理

一、设备健康管理

中烟机通过开展设备管理专题研究"卷烟工厂设备健康管理",细化和拓展行业设备管理绩效评价指标,建立卷烟厂设备健康评价指标库,系统梳理设备健康管理相关要素,编写了卷烟厂设备健康管理规范、卷烟厂设备健康管理综合评价标准,明确了行业设备健康的管理要素、评价标准和评分标准,为各个卷烟厂开展设备健康管理工作提供了依据和指导。

设备健康管理借鉴了PHM((prognostics and health management,故障预测和健康管理)技术、人体健康三级预防、风险管理的理念,过程中强调操作、维修技术人员和工艺、设备、安全等管理人员参与,强调预防为主。以识别、预防、控制设备健康风险为主线,对设备综合管理和技术管理做出总体设计,形成设备健康管理闭环。设备健康管理的核心是提升设备维修决策能力,提升设备故障隐患诊断分析水平。

卷烟厂设备健康管理是指以保障工艺水平和产品质量为核心,通过系统的分析、检测和评价,准确掌握设备技术状态和风险点变化情况,通过准确有效的设备检维修活动,对设备健康风险因素进行全面管控,是一种促进设备全面健康的管理模式。卷烟厂设备健康管理内涵:准确掌握设备状态变化情况,科学合理安排设备维护活动,保持设备健康预期水平,实现设备管理精益化。

基于设备状态信息数据的运用,制造中心在学习借鉴行业设备管理专题研究成果的基础上,开展设备本体健康状态评价和应用,带动设备状态监控管理体系的关注对象向寿命周期管理领域拓展。设备健康管理实施路径如图3.3.1所示。

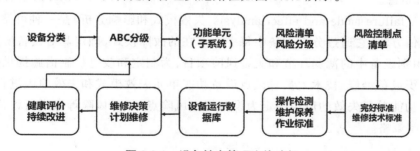

图3.3.1　设备健康管理实施路径

（一）设备分类分级

设备分类按照《烟草行业(卷烟工业企业)生产设备标准名称名录》进行。建立由质量相关性、生产进度相关性、经济成本相关性等指标构成的设备重要度评价指标,对设备机型(类型)进行评价和分级,确定A、B、C级设备,明确设备重点管理对象。

A级设备是指主要生产设备和主体生产设备,是在生产过程中起主体作用,对产品质量、产量、工序有直接影响的成套设备或机组。该类设备发生事故、故障或损坏后,会直接导致生产过程中断、产品质量降低,并对人员、生产系统、机组或其他重要设备的安全构成严重威胁或直接导致环境受到严重污染,影响企业整个生产组织。

B级设备是指在发生损坏或自身和备用设备均失去作用的情况下,会对整条生产线造成较大影响或导致主要生产设备或生产线停机的设备;会直接导致机组的可用性、安全性、可靠性、经济性降低或导致环境污染的设备;本身价值昂贵且故障检修周期或备件采购(或制造)周期较长的设备。

C级设备是指不属于A级、B级的设备,这类设备发生事故或故障时,对生产影响较小,且对人身安全、周围环境基本无影响,一般有替代设备,不会造成主生产线停产。

(二)功能单元分级

依据设备技术手册、装配图、工艺流程图等技术资料,结合设备故障历史数据及维修经验,将设备分解到相对独立的功能单元。根据功能单元所包含的风险点分级情况,对功能单元进行分析、评价和分级,作为设备维保、检测的重点对象。以功能单元为对象,收集设备技术状态数据、隐患、设备效能指标数据,统计分析劣化趋势,对设备维修计划进行科学决策。

(三)风险点识别与分级评价

通过企业质量、职业健康和安全、环境、能源、计量管理等体系对设备要求的系统识别,以功能单元为对象,对设备功能单元进行失效模式分析,识别风险点,依据风险程度大小、检测和控制方法将风险点分为A、B、C三级,并明确风险点失效判定标准,风险点技术状态管控、检测方法,优化完善设备技术标准体系,确定设备健康风险点维护保养方法、周期和资源。

FMEA(failure mode and effect analysis,失效模式和影响分析)是一种可靠性分析和安全性评估方法,它通过分析设备中每一个潜在的故障模式,确定其对设备所产生的影响,从而识别设备中的薄弱环节和关键风险项目,为制定和改进控制措施提供依据。企业通过组织设备维修、技术人员对试点设备功能单元失效模式和失效原因进行分析,将造成设备功能单元失效的原因确定为设备健康风险点,并对风险等级进行评价,以确定风险的控制策略。

(四)维修策略

结合功能单元重要程度、故障特性以及生产组织、维修资源、技术条件等因素,建立针对功能单元的维修策略,优化维修资源配置,安排维修计划并付诸实施。针对关键功能单元(A级),采用状态维修为主、计划维修为辅的维修策略;针对主要功能单元(B级),采用计划维修为主、状态维修及事后维修为辅的维修策略;针对次要功能单元(C级),采用事后维修为主的维修策略,形成基于单台设备的维修策略组合。

（五）设备技术标准体系

以设备完好标准和维修技术标准为基础,结合维保、检测资源配置以及企业生产组织方式,建立设备维护保养、维修和状态检测作业标准体系。

1)完好标准

完好标准是对设备整体、系统、功能单元应有技术状态的描述,主要用于设备管理检查和评价。

2)维修技术标准

维修技术标准是指设备点检和维修过程中所涉及的技术要求、技术参数、管理数据等。其反映设备主要装置的构造及其劣化倾向、异常状态的维修特性、管理值,是设备主要装置的维修标准。

维修技术标准应与设备功能单元、风险点分级保持一致,标准的内容应易于理解,操作指导性强。应用新设备、新方法或新技术时,应及时进行风险点分析并建立适用的维修技术标准,并按企业的文件控制要求管理维修技术标准文件。

设备技术标准体系架构如图 3.3.2 所示。

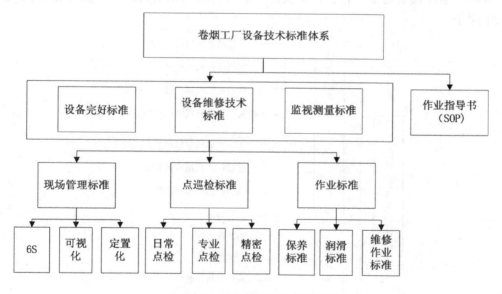

图 3.3.2　设备技术标准体系架构

二、设备健康状态评价

在借鉴行业设备管理状态研究成果和总结实践经验的基础上,制造中心制定卷烟厂设备健康评价方案,编制主要设备健康评价表格,建立设备健康评价应用模型,组织开展设备健康状态评价和应用工作。

（一）设备健康评价方案

1.健康状况分类

健康状况一般分为优良、健康、亚健康、劣化、恶化 5 类。

2.评价方法

1)健康状态评价指标体系

建立一套适用的设备健康状态评价指标体系是企业开展设备健康状态评价的首要工作和必要条件。该指标体系(见图 3.3.3)仅包含基本指标维度和推荐参考指标,具体设备的健康状态评价指标体系,必须根据具体设备的构造、原理、特性等要素进行制定和完善。

2)实施初步评价

在对参评设备进行分析之后,参照指标体系挑选多维度多层次的技术指标,编写卷接机组、包装机组、薄板烘丝机、空压机等典型机型的设备健康状态评价表,进行初步评价。初步评价采用百分制。初步评价由车间组织实施,按照各指标数据来源和评价方式进行,设备管理部进行抽查指导。

指标维度和权重:设备性能类(40%)、产品质量类(30%)、运行状态类(20%)、安全状况类(10%)。维度权重的多少根据设备实际情况进行适当调整,但至少包括以上四个基本维度的指标。

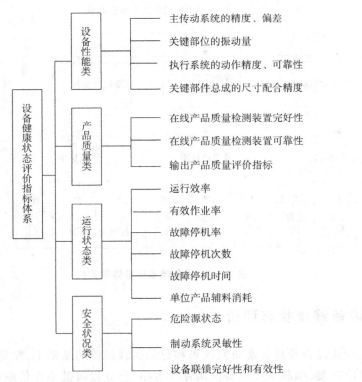

图 3.3.3　设备健康状态评价指标体系

指标及说明如下。

①设备性能类:设备本体的、静态的性能指标,如设备关键系统或部件的性能指标和参数等,指标选取和评分标准可参照设备说明书等基础资料,同时结合实际生产和工艺需求来确定,相应权重根据其对整体设备功能、精度、控制等影响程度而确定,可有单项否决项。

②产品质量类:包括设备本身所带在线产品质量检测装置(仪器)的完好性和可靠性、设备输出产品的过程质量两方面指标,所占权重及评分标准要结合企业实际产品工艺质量需求确定,可有单项否决项。

③运行状态类:包括运行效率、有效作业率、故障停机率、故障停机次数、单位产品辅料消耗等评价设备运行状态的指标,既可从行业设备管理绩效评价指标体系中选取,也可从企业实际使用的指标中选取,评分标准可参照行业先进值、企业历史数据等。

④安全状况类:包括设备联锁完好性和有效性、危险源状态、制动系统灵敏性等,评分标准应有单项否决项。

3)综合评价

在完成初步评价之后,结合设备役龄等因素进行综合评价。

综合评价由设备管理部牵头,各车间共同配合实施,设备管理部相关人员(卷包设备管理员、制丝设备管理员、动能设备管理员、固定资产管理员、计量管理员)和车间相关人员(车间设备主任、电气技术员、机械技术员、包机维修工、操作工代表)参与。

综合评价分为评价会议和现场调研两个步骤。设备管理部组织召开设备健康评价会议,以设备现状数据为主,结合历史数据,合理设定现状数据的采集周期,保证指标评价的准确性和可操作性。现场调研包括现场查看、询问交流、抽查验证等,既可以收集更多的数据信息,又可对初步评价进行现场验证、现场纠偏,最终进行综合判断,确定设备的健康状态类别。

设备综合评价坐标模型(见图3.3.4)将设备役龄作为横坐标,分为三个阶段:Ⅰ(磨合期0~2年)、Ⅱ(平稳期2~8年)、Ⅲ(耗损期≥8年),将设备初步评价得分作为纵坐标。

在对同一机型设备使用同一表格和标准进行初步评价后,依据评价模型分役龄阶段进行综合评价。3个役龄阶段的设备健康状态均分为5类:优良、健康、亚健康、劣化、恶化。相同的健康类别,不同役龄阶段的应用和对策不同。

(二)设备健康评价应用

(1)设备健康状态评价结果主要应用于设备检维修策略和投资策略,不影响设备的保养、点检和维修等日常工作。

①"优良"和"健康"状态设备,继续进行正常的设备日常保养、润滑、轮保及日常维修,努力保持其理想状态。

②"亚健康"状态设备,可进行局部项修或深度保养,内容以导致设备健康等级下降的因素为侧重点。项修验收1个月后进行健康等级再评价,直至达到"健康"以上状态。

③"劣化"状态设备,可结合实际情况进行深度项修或局部大修,项修、大修2个月后进行健康等级再评价,直至达到"健康"以上状态。

④"恶化"状态设备,可结合实际情况进行大修、改造或下线,设备验收2个月后进行健康等级再评价,直至达到"健康"以上状态。

注:在条件不允许进行设备下线的情况下,可考虑进行返厂大修。

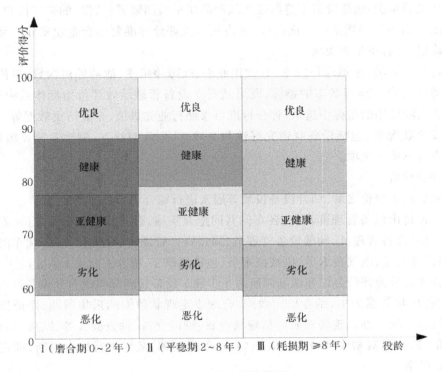

图 3.3.4 综合评价模型

(2)除按照评价得分进行维修策略选择外,按照设备运行周期规律,应重点关注处于Ⅰ(磨合期0~2年)和Ⅲ(耗损期≥8年)的设备;同时,原则上不应该出现劣化Ⅰ、恶化Ⅰ和亚健康Ⅱ、劣化Ⅱ、恶化Ⅱ的情况,否则应从管理方面分析原因,并采取相应措施。

①当出现劣化Ⅰ、恶化Ⅰ时,应重点分析和反思在设备选型、采购、验收环节的工作标准、流程适宜性和执行情况,以及在磨合期操作、维修包机人员的责任心和能力,是否存在设备事故瞒报和处理不当等方面的问题,对应采取修订标准、联系厂家重点治理以及责任界定、强化考核等措施,避免类似问题重复出现。

②当出现亚健康Ⅱ、劣化Ⅱ尤其是恶化Ⅱ的情况时,应重点分析和反思设备管理制度、模式、维修策略选择,日常工作执行力和检查考核力度、细度,是否存在设备事故瞒报和处理不当等方面的问题,持续改进管理效果。

③选择投资策略(深度项修、大修、改造、技术改造、购置、报废)时,依据设备费用-役龄关系(见图3.3.5),进行经济分析之后确定。通过设备使用成本数据的统计,根据费

用–役龄关系变化分析,考虑企业眼前及长远的权益和规划,结合行业发展方向和特点、公司战略部署,寻找设备最佳投资方案,实现经济性和技术性有机结合。行业和公司有规定的,应先从其规定。设备使用成本包括年度设备维持费用(零备件费用、委外费用)和资产消耗成本。同时,经济数据分析可作为设备健康状态评价方案的修订参考依据。

主动引导生产部门积极应用设备健康评价结果,以应用发现评价存在的不足和问题,以应用促进评价方法和指标的改进。譬如,各车间申报项修、大修、改造等项目时,具有相应设备健康评价数据的,优先予以审批;各车间各机台(工艺段)的年度维修费用依据设备健康评价情况进行相应调整。

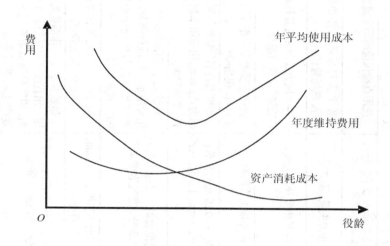

图 3.3.5 设备费用–役龄关系图

(注:设备年度平均使用成本 = 年度维持费用 + 资产消耗成本)

(三)设备健康评价表

依据设备健康评价方案,制造中心编制主要设备(机组)健康评价表,涵盖卷包、制丝、动力、物流等关键主机设备,并根据评价结果和应用效果持续进行修订完善。

卷接机组设备健康评价表见表 3.3.1,包装机组设备健康评价表见表 3.3.2。

表3.3.1　卷接机组设备健康评价表

设备型号：　　　　　　　　　　机组编号：　　　　　　　　　　日期：

设备型号：ZJ17

序号	指标维度	权重/（%）	指标名称	周期	权重/（%）	指标值和评分办法	数据来源或验证方法	实际数据或情况描述	单项得分	维度得分	总分	备注
1	设备性能	40	卷烟机主传动精度	季度	4	振动速度均值在2.0 mm/s以下，4分；大于2.0 mm/s，2分	使用点检仪检测固定监测点					
			接装机主传动精度	季度	4	振动速度均值在2.0 mm/s以下，4分；大于2.0 mm/s，2分	使用点检仪检测固定监测点					
			操作控制功能	季度	3	任一显示或功能开关失灵，不得分	各个操作显示元件功能完好，现场验证					
			压力显示及控制功能	季度	3	任一压力显示或功能控制功能开关失灵，扣1分，扣完为止	各个压力显示元件及控制功能完好，现场验证					
			流化床喷嘴状态	季度	2	流化床喷嘴在工作界面上有间断，不得分	流化床喷嘴在工作界面上无间断，现场验证					
			平准器精度	季度	3	0.1 mm ≤ 间隙 < 0.15 mm，3分；0.15 mm ≤间隙 < 0.20 mm，1.5分；0.20 mm ≤间隙，0分	平准盘与刷丝轮的间隙基准为0.1 mm，用专用水平仪进行测量，现场验证					
			烙铁位置平行度	季度	3	当气泡位于中间位置时，3分；当气泡偏离接触刻线界面时，1.5分；当气泡偏离界限时，不得分	烙铁处于工作位置时，采用专用水平仪进行测量，从而使加热面与烟条中心成90°，现场验证					
			刀盘精度	季度	2	两刀片偏离中心平面小于等于0.03 mm，2分；大于0.03 mm，不得分	两刀片偏离中心平面基准≤0.03 mm，现场验证					
			烙铁体直线度	季度	3	间隙≤0.05 mm，3分；0.05 mm <间隙≤0.1 mm，1.5分；0.1mm <间隙，0分	烙铁加热至工作温度时，用专用直线规规贴紧烙铁工作面，用塞尺测量烙铁与直线规的间隙，现场验证					

续表

序号	指标维度 权重/(%)	指标名称	周期	权重/(%)	指标值和评分办法	数据来源或验证方法	实际数据或情况描述	单项得分	维度得分	总分	备注
1	设备性能 40	蜘蛛手精度	季度	2	偏移量≤2 mm，2分；2 mm <偏移量≤8 mm，1分；8 mm <偏移量，0分	吸爪位移量，吸爪中心的偏移量尽量小，现场验证					
		水松纸切刀精度	季度	2	8把刀切割轴向偏移量小于10 mm，2分；大于10 mm 小于20 mm，1分；大于20 mm，不得分	8把刀切割轴向偏移量尽量小，现场验证					
		调头轮精度	季度	3	偏移量≤0.1 mm，3分；0.1 mm <偏移量≤0.2 mm，1.5分；0.2 mm <偏移量，0分	旋转手偏移量尽量小，现场验证					
		设备点检数据	季度	3	报警率≤8%，3分；8%<报警率≤15%，1.5分；15%<报警率，0分	设备点检管理系统					
			季度	3	缺陷数≤5个，3分；5个<缺陷数≤8个，1.5分；8个<缺陷数，0分	测试台数据记录					
2	产品质量 30	重量控制	季度	5	标偏<23 mg，大于1次扣1分，现场测试5次	测试台数据记录					
		空头检测	季度	5	空头剔除准确率>98%，现场记录1次不合格扣1分，现场测试1次统计扣0.2分	现场测试和点检员记录统计					
		缺嘴检测	季度	5	缺嘴剔除准确率>99%，现场记录1次不合格扣1分，点检员记录1次不合格扣1分，现场测试1次统计	现场测试和点检员记录统计					
		漏气检测	季度	5	漏气剔除准确率>98%，现场记录1次不合格扣1分，现场测试1次统计扣0.2分	现场测试和点检员记录统计					
		盘纸接头检测	季度	5	接头剔除准确率100%，现场测试1次不合格扣2分，点检员记录1次不合格扣1分，现场测试1次统计	现场测试和点检员记录统计					
		水松纸接头检测	季度	5	接头剔除准确率100%，现场测试1次不合格扣2分，点检员记录1次不合格扣1分，现场测试1次统计	现场测试和点检员记录统计					

续表

序号	权重/(%)	指标维度	指标名称	周期	权重/(%)	指标值和评分办法	数据来源或验证方法	实际数据或情况描述	单项得分	维度得分	总分	备注
3	20	运行状态	运行效率	季度	5	达到98%及以上的得5分，每低1%扣1分	装备决策系统					
			单箱停机次数(E)	季度	5	$E \le 0.25$，5分；$0.25\% < E \le 0.35$，2.5分；$0.35\% < E$，0分	数采数据					
			停机率(B)	季度	5	$B \le 7\%$，5分；$7\% < B \le 10\%$，2.5分；$10\% < B \le 13\%$，2分；$13\% < B$，0分	数采数据					
			废品率(W)	季度	5	$W \le 0.3\%$，5分；$0.3 < W \le 0.5$，4分；$0.5 < W \le 0.7$，2.5分；$0.7 < W$，0分	数采数据					
			安全联锁	季度	4	联锁完好、灵敏、有效，1项不合格扣4分	现场安全检查					
4	10	安全状况	防护罩	季度	2	防护罩完好、无松动，1处不合格扣0.2分	现场安全检查					
			紧急停机及刹车系统	季度	2	急停按钮触动，刹车在5秒内完成，实验5次，1次不合格扣0.2分	现场测试					
			气压及油压检测	季度	1	气压小于3Pa必须停机，油压小于2Pa必须停机，1项不合格扣0.2分	现场测试					
			安全标识	季度	1	标识齐全正确，1项不合格扣0.2分	现场安全检查					

说明：
1. 评价结果分为优良（★★★★★）、健康（★★★★）、亚健康（★★★）、劣化（★★）、恶化（★）5大类。
2. 参考评价标准：总得分≥90分，且单项指标得分占该维度比例≥80%，优良；总得分80～90分，且单项指标得分占该维度比例≥75%，健康；总得分为70～80分，且单项指标得分占该维度比例≥65%，亚健康；总得分为60～70分，劣化；总得分≤60分，恶化。
3. 评分办法包括单项指标的打分标准，以及单项指标低于某个数值时，对所在维度和整体设备评价的判断等。

表3.3.2　包装机组设备健康评价表

设备型号：ZB45　　机组编号：　　日期：

序号	指标维度/权重(%)	指标名称	周期	权重(%)	指标值和评分办法	数据来源或验证方法	实际数据或情况描述	单项得分	维度得分	总分	备注
1	设备性能 40	主传动振动	季度	3	主传动振动≤1.5 mm/s，3分	使用点检仪检测固定监测点					
		传动箱振动	季度	3	八号轴传动箱振动≤3.5 mm/s，3分	使用点检仪检测固定监测点					
		操作控制功能	季度	3	各个操作显示元件功能完好，不得分	各个操作显示元件功能完好，现场验证					
		压力显示及控制功能	季度	3	任一显示或控制功能开关失灵，扣1分，扣完为止	各个压力显示及控制功能完好，现场验证					
		第一推进器	季度	3	宽度、厚度、槽深磨损量不大于1mm。磨损量≤0.5 mm，3分；0.5 mm≤磨损量≤1 mm，1分；磨损量≥1 mm，0分	将第一推进器拆卸后底面放置在平面测试台上，各槽中分别放置7.8 mm量棒，用塞尺测量，现场验证					
		第一推进器挠性联轴器旷量	季度	3	无腐蚀、磨损，周向旷量≤1 mm，3分；1 mm≤周向旷量≤3 mm，1分；周向旷量>3 mm，0分	盘车检查，用百分表检测，现场验证					
		一号轮夹紧板及夹紧爪位置关系	季度	3	夹紧板磨损量X<0.6 mm，0.2 mm≤X<0.6 mm，0.4 mm<X<0.6 mm，1分；X≥0.6 mm，0分。压烟器前行到位时超过挡脚Y。Y≥1 mm，1.5分；0.5 mm<Y<1 mm，1分；Y≤0.5mm，0分	用标准模块检查					
		第二推进器与烟盒、套口相对位置	季度	3	第二推进器与烟盒、套口相对位置间隙不小于0.2 mm。间隙>0.5 mm，3分；0.2 mm≤间隙≤0.5 mm，2分；间隙<0.2 mm，0分	用塞尺、平面测试台检查					

续表

序号	指标维度	权重/(%)	指标名称	周期	权重/(%)	指标值和评分办法	数据来源或验证方法	实际数据或情况描述	单项得分	维度得分	总分	备注
1	设备性能	40	铝箔纸切割时扭矩	季度	2	铝箔纸切割时扭矩不大于4 N·m。2 N·m<扭矩≤2.5 N·m，2分；2.5 N·m<扭矩≤4 N·m，1分；扭矩大于4 N·m，0分	用扭矩扳手检测					
			铝箔纸加速辊	季度	3	加速辊径向跳动不大于0.05mm。跳动量<0.03mm，3分；0.03mm≤跳动量≤0.05mm，2分；跳动量>0.05mm，0分	用杠杆千分表测量铝箔纸加速辊径向跳动情况，超过0.05mm应更换					
			模盒	季度	2	各模盒磨损量不大于1mm。磨损量<0.5mm，2分；0.5mm≤磨损量≤1mm，1分；磨损量>1mm，0分	用游标卡尺测量					
			商标纸胶缸刮胶板、上胶轮磨损情况	季度	3	刮胶板无破损，工作面磨损量不大于0.8mm。磨损量<0.5mm，3分；0.5mm≤磨损量≤0.8mm，2分；磨损量>0.8mm或上胶辊上胶面破损大于0.5mm²，0分	磨损量用游标卡尺测量，表面破损目视检测					
			设备点检数据	季度	3	报警率≤8%，3分；8%<报警率≤15%，1.5分；15%<报警率，0分	设备点检管理系统					
				季度	3	缺陷数≤5个，3分；5个<缺陷数≤8个，1.5分；8个<缺陷数，0分						
2	产品质量	30	成像检测	季度	8	检测准确率>98%，现场测试1次不合格扣0.5分，点检员记录统计1次不合格扣2分	现场测试和点检员记录统计					
			空头检测	季度	6	空头剔除率>98%，现场测试1次不合格扣0.2分，点检员记录统计1次不合格扣2分	现场测试和点检员记录统计					
			缺支检测	季度	6	缺支剔除率>99%，现场测试2次，现场测试2次不合格扣2分，点检员记录统计1次不合格扣5分，点检员记录统计1次不合格扣0.5分	现场测试和点检员记录统计					
			散包检测	季度	5	散包剔除率>98%，现场测试统计1次不合格扣0.2分，点检员记录统计1次不合格扣0.5分	现场测试和点检员记录统计					

续表

序号	指标维度/权重（%）	指标名称	周期	权重（%）	指标值和评分办法	数据来源或验证方法	实际数据或情况描述	单项得分	维度得分	总分	备注
2	产品质量 30	缺包检测	季度	5	缺包剔除准确率100%，现场连续测试2次，1次不合格扣2分，2次不合格扣5分，点检员记录统计1次不合格扣0.5分	现场测试和点检员记录统计					
		运行效率	季度	5	达到88%及以上的得5分，每低1%扣1分	数采数据					
3	运行状态 20	单箱停机次数（E）	季度	5	$E \le 1$，5分；$1 < E \le 1.2$，2.5分；$1.2 < E$，0分	数采数据					
		停机率（B）	季度	5	$B \le 10\%$，5分；$10\% < B \le 14\%$，2.5分；$14\% < B$，0分	数采数据					
		商标纸单耗（W）	季度	5	$W \le 2502$，5分；$2502 < W \le 2505$，4分；$2505 < W \le 2507$，2.5分；$2507 < W$，0分	数采数据					
		安全联锁	季度	4	联锁完好，灵敏，有效，一项不合格扣2分	现场安全检查					
		防护罩	季度	2	防护罩完好，无松动，1处不合格扣0.2分	现场安全检查					
4	安全状况 10	紧急停机及刹车系统	季度	2	急停按钮触动，刹车在5s内完成，1次不合格扣0.5分，实验4次	现场测试					
		气压及油压检测	季度	1	气压小于3Pa必须停机，油压小于2Pa必须停机，1次1项不合格扣0.2分	现场测试					
		安全标识	季度	1	标识齐全正确，1项不合格扣0.2分	现场安全检查					

说明：
1. 评价结果分为优良（★★★★★），健康（★★★★），亚健康（★★★），劣化（★★），恶化（★）5大类。
2. 参考评价标准：总得分≥90分，优良；总得分为80～90分，且单项指标得分占该维度比例≥75%，健康；总得分为70～80分，且单项指标得分占该维度比例≥80%，亚健康；总得分为60～70分，劣化；总得分≤60分，恶化。
3. 评分办法包括单项指标的打分标准，以及单项指标低于某个数值时对所在维度和整体设备评价的判断等。

第四节 零配件管理

一、零配件采购

（一）零配件采购模式

《中国烟草总公司设备管理办法》等文件规定,烟草专用机械生产、维修用零配件(以下简称专用件)的采购工作要按照行业的有关规定组织开展,通用设备和特种设备零配件要按比质比价原则择优采购。

在本节,零配件是指在烟草专用和通用机械设备(以下简称烟机设备)上使用的专用件和通用件,包括国产零配件、进口零配件及部(组)件;专用件是指只能用于烟机设备上的零配件,通用件是指既可用于烟机设备也可用于非烟机设备的零配件。

为便于管理,河南中烟将零配件分为A类、B类和C类。A类零配件是指制丝、卷接包、动力设备上使用的所有零配件及单价在1000元以上的通用零配件,包括专用件和通用件。A类专用件指制丝、卷接包等烟草专用设配使用的专用机械件、专用部件、专用带类、专用电气件等;A类通用件指公用动力设备用零配件及各类设备通用的电机、减速机、变频器、电磁阀、气缸、高低压电器、阀门、通用带类等。B类零配件是指A类零配件以外的水暖、五金电料、轴承、标准件、润滑油(脂)、清洁用品等不含税单价在1000元以下的通用件。C类零配件是指总公司进口烟机零配件,由中烟机采购服务中心统一向外商采购,主要包括德国HAUNI公司、德国FOCKE公司和意大利G.D公司的进口专用烟机零配件。

河南中烟零配件采购管理模式实行公司监督指导,授权制造中心、许昌卷烟厂和安阳卷烟厂成立的河南中烟卷接、包装、公用动力、制丝四个零配件集中采购管理站(简称采购站)实施采购,A类零配件统一由采购站负责采购,B、C类零配件由各个卷烟厂自行负责采购。

制造中心的卷接采购站、包装采购站负责公司各卷烟厂卷接类、包装类的A类零配件采购。采购站使用单一来源采购方式,向行业全资烟机生产经营企业在其许可产品范围内采购相关烟机零配件,其他零配件均应以公开招标的方式采购,招标清单中没有涵盖的,应在中标供应商范围内询价采购;因技术改造、购进新机型、设备首次改造等出现新增多种类零配件的,进行公开招标。

（二）零配件计划管理

1.零配件编码

新增零配件编码原则上由车间设备技术员申报,经零配件计划员审核后,A类零配件编码报采购站审批,B类零配件编码由零配件计划员审批。零配件编码调整原则上由车间设备技术员申报,由零配件计划员审核后,A类零配件由调入、调出采购站审核,报公司生产管理部审批,B类零配件由零配件计划员审批。

车间申报零配件编码及信息增改删时,应对照零配件主要信息录入标准、零配件标段划分标准的要求,做到准确一致,符合标准要求,避免重复编码。

2.零配件年度采购计划

零配件年度采购计划的编制按照河南中烟关于印发采购计划"三关三审"实施细则(试行)的通知要求进行。每年年底,制造中心根据公司下发的年度生产预安排,结合当年采购量、仓库库存和设备状况,分类编制下一年度零配件需求预算和采购计划,并拟定采购方式。制造中心A类零配件采购计划分为制丝类、卷接类、包装类和公用动力类,分别报对应的采购站。设备管理部作为公司指定卷接采购站和包装采购站,汇总各卷烟厂下一年度A类(卷接类、包装类)零配件需求预算和采购计划,报规范管理办公室审核,制造中心三项工作管理委员会审批通过后报公司相关部门。B类和C类零配件下一年度需求预算和采购计划,报规范管理办公室审核,制造中心三项工作管理委员会审批通过后报公司相关部门。收到制造中心规范管理办公室下发的年度采购计划后,设备管理部依据年度采购计划实施采购。

在编制零配件年度采购计划时,可预知的设备自主维修、技术改造项目的零配件采购,应列入零配件年度采购计划;未列入年度采购计划,因生产经营需要增加的,可列入年中调整;公司批复的单箱维修费用、专项维修费用类项目不在零配件年度采购计划内的,在实施项目前,列入年中调整或应急采购,以公文形式申请追加零配件采购计划并报公司生产管理部,由公司管理委员会通过后实施采购。年度采购计划管理流程如图3.4.1所示。

3.零配件月度需求计划

1)补库需求计划

零配件货位建立遵循"以耗定储"的原则。零配件储备要与生产实际情况相联系,综合考虑零配件的使用寿命、消耗量以及零配件的采购周期等多种因素。新增机型增设货位、正常在用设备增设货位,由零配件仓库保管员根据零配件的发生频次(常用件大于1次/年、关键件大于1次/2年)、领用情况,并参考其他卷烟厂的情况建立新货位。

2)库存预警参数

设备管理部合理设置库存预警参数,定期进行库存结构分析,不断优化最高库存、最低库存等参数设置,进行动态管理。属于常用件的,应合理设置最高库存、最低库存。一般情况下,国产件最高库存不得高于本厂3个月出库消耗量,进口件最高库存不得高于本厂6个月出库消耗量。属于冷件(入库后12个月(含)以上未发生领用的零配件)的,一律不得在未消耗的前提下重复购进,领用后需要重新备货的应进行评估(其他厂有库存的应进行调剂,最后库存发放的厂经评估后备货),以免造成库存积压。

3）补库需求计划平衡

每月 14 日、28 日之前，计划员根据库存预警参数（最低库存、最高库存）的预警信息，仓库常用零配件的当前库存量、采购在途量（订单未到货数量）、领用预留量（车间申请未领用）和历史消耗数据，拟定仓库补货需求计划，在 EAM 系统"需求计划平衡"中确认并提交。发现可调剂的冷件、积压件，优先安排厂间调剂，终止需求计划，同时在 EAM 系统中做"零配件厂间调剂调入申请"。

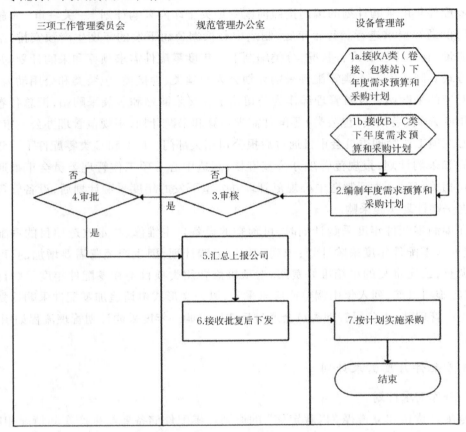

图3.4.1 年度采购计划管理流程

4）临时需求计划

各车间设备维修需要零配件时，经核查无库存的，应在 EAM 系统的"需求计划申请"中进行申报，明确零配件数量、图号、规格型号等信息，备注中可注明特殊要求，经车间负责人或设备主任审核后提交设备管理部进行需求计划平衡。

如发现冷件库存满足需求，应及时通知零配件计划员在 EAM 系统"零配件厂间调剂调入申请"中导入零配件信息，进行厂间调剂。

5）加工件需求计划

各车间申报定制加工件需求计划时，在 EAM 系统"零配件编码新增"中清楚描述零配件规格型号、材质、数量等信息，并在图文附件中上传相应图纸和样品图片，同时报零配件计划员备案。各车间设备技术员申报定制加工件需求计划时，原则上按需申报，避免造成库存积压。

6)月度需求计划审批

每月 14 日、28 日之前,零配件计划员对各车间提交的需求计划及时进行需求平衡处理,核查仓库库存、采购在途、其他厂冷件库存等数据,确定计划数量,在 EAM 系统的"需求计划平衡"中确认并提交,临时需求计划、补库需求计划和加工件需求计划共同形成月度需求计划。零配件计划员在对需求计划进行平衡时,发现冷件计划且库存满足需求,优先安排厂间调剂,终止需求计划。

每月 15 日和月底之前,零配件业务员对需求平衡后的零配件品种,在 EAM 系统月度需求计划中完善建议供应商、暂估价格等信息并提交,零配件计划员汇总后形成制造中心待审批的"零配件月度需求计划",同时提交设备管理部负责人审核。

每月 18 日、次月 2 日前,设备管理部对月度零配件需求计划的数量、总额进行审核后提交分管领导审批,形成制造中心 A 类零配件月度需求计划及 B 类、C 类零配件月度采购计划。结合年度采购预算、当前库存额、维修费用使用额等审核后,若存在超标、超支现象,应组织相关人员对月度需求计划进行论证、评审,对冷件计划进行论证,避免造成库存积压。月度需求计划汇总与报送每月进行两次。月度零配件需求计划管理流程如图 3.4.2 所示。

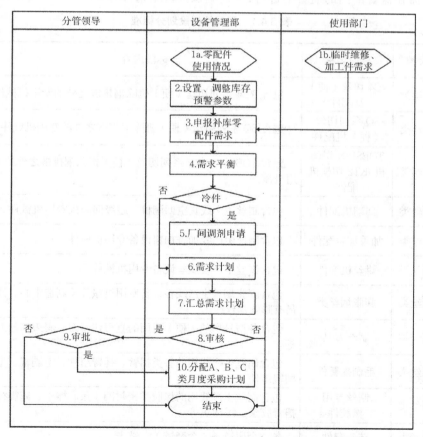

图 3.4.2 月度零配件需求计划管理流程图

（三）零配件采购实施

1.A类零配件采购

每月 20 日、次月 4 日前,采购站计划员对各卷烟厂需求计划进行汇总、平衡,能调剂的中止或调整采购数量;编码与品种不符的进行编码调整,确属新品种的在基础设置中进行新增,最终在 EAM 系统 A 类月度采购计划平衡中确认并提交。每月 23 日、次月 8 日前,平衡后的 A 类零配件月度采购计划,由采购站零配件业务员对编码、名称、图号、规格型号、采购方式、暂估价格等信息进行确定、完善,核对各卷烟厂拟选供应商,经采购组组长审核、采购站站长审批后,形成 A 类零配件月度采购计划。

A 类零配件的采购方式按照年度批复实施。招标结果中未包含的零配件品种,应先按照"零配件标段划分标准"（见表 3.4.1)识别该零配件的所属标段,属于新增零配件的,在所属标段中标供应商范围内进行询价采购。价格确定、供应商选择和采购比例应严格执行招标结果,实施公开招标及询价活动的结果要及时在 EAM 系统"招标询价结果登记"中录入,填写招标结果登记单和询价结果登记单。招标结果中未包含的零配件品种,在所属标段中标供应商范围内进行询价采购,系统对询价结果实行就低不就高的控制原则。询价过程需在监督部门的监督下进行,共同确认询价结果并签字。

表 3.4.1　零配件标段划分标准

序号	大类	标段名称	标段内容	采购单位
1	制丝类	RC4 切丝（梗）及配件	包含 RC4 系列切丝（梗）机除铜排链之外的专用机械件	制丝类采购站
2	制丝类	SQ 系列切丝（梗）机配件	包含 SQ 系列切丝（梗）机除铜排链之外的专用机械件	
3	制丝类	TOBSPIN 切丝机 /KT2 切梗机配件	包含 TOBSPIN\KT2 系列切丝（梗）机除铜排链之外的专用机械件	
4	制丝类	回潮机配件	包含制丝生产线真空回潮机、超级回潮机专用机械件	
5	制丝类	加香加料配件	包含制丝生产线加香加料设备专用机械件	
6	制丝类	烘丝机配件	包含制丝生产线烘丝设备专用机械件	
7	制丝类	膨胀烟丝类	包含膨胀烟丝生产线各设备专用机械件（制造中心、许昌有膨胀烟丝线）	
8	制丝类	制丝刀具	包含各型号切丝（梗）机用的直刃切丝刀、斜刃切丝刀等	
9	制丝类	毛刷摇臂件	包含制丝生产线用的各类摇臂、摇臂组件、毛刷辊、毛刷辊组件等	
10	制丝类	制丝专用橡胶件	包含制丝生产线用的橡胶类密封圈（条、棒）、减震棒、摇臂胶条、缓冲垫等	
11	制丝类	链条配件	各类金属链条（含旁链）、链卡	

续表

序号	大类	标段名称	标段内容	采购单位
12	制丝类	制丝专用带	包含制丝生产线用的输送平皮带、防滑带、电子秤带、网带、环形带等，不包含三角带	制丝类采购站
13	制丝类	铜排链	包含各型号切丝（梗）机用的所有铜排链	
14	制丝类	薄片零配件	薄片生产线设备的所有机械零配件	
15	制丝类	砂轮金刚石	制丝设备用砂轮、金刚石、磨削辊、磨刀器等	
16	制丝类	开包输送系统	开包机、翻包机、叉分机及输送系统专用件	
17	制丝类	制丝其他件	因生产需要定制加工的制丝生产线设备专用配件，包含标准和非标准配件	
18	卷包类	卷包刀具	包含各型号卷烟机、包装机的U形刀、卡纸刀、切纸刀、圆刀片等	卷接类采购站
19	卷包类	卷包专用带	包含卷接、包装、成型及其辅联设备使用的同步带、平皮带、片基带、吸风带等	包装类采购站
20	卷接类	卷烟布带	包含各型号卷烟机、成型机卷烟布带	卷接类采购站
21	卷接类	卷接橡胶毛刷件	包含橡胶辊、墨辊等配件，卷接、成型各类毛刷等	
22	卷接类	卷接吸丝带	包含各型号卷接设备使用的吸丝带	
23	卷接类	烟舌合金件	包含各型号卷接设备的烟舌、鼓轮、导轨、压板、专用气阀、喇叭嘴、喷嘴、翼板等	
24	卷接类	砂轮	包含各型号卷接设备的磨刀砂轮	
25	卷接类	莫林机械件	包含莫林系列卷接设备的专用机械件，包含劈刀	
26	卷接类	普托机械件	包含普托卷接设备的专用机械件，包含劈刀	
27	卷接类	滤棒成型储发系统	包含各滤棒成型储存系统、发射接收系统的专用机械件	
28	卷接类	烟支储存件	包含YF17、瑞龙、奥斯卡等所有烟支储存设备的专用机械件	
29	卷接类	M5、ZJ系列机械类	包含M5、ZJ112、116、118系列卷接设备的专用机械件	
30	卷接类	卷接电气件	包含嘴棒成型、发射接收、卷接机组、烟支储存设备的电气件	

序号	大类	标段名称	标段内容	采购单位
31	包装类	包装盒模件	包含所有包装设备烟包盒模	
32	包装类	包装橡胶毛刷件	包含所有包装设备送纸辊、压纸辊、毛刷、包装机吸风嘴等	
33	包装类	包装电气件	包含所有包装设备的电气件，一号工程设备的打印头、扫码器等，打印纸除外	
34	包装类	BE 系列配件	包含 BE 包装设备的专用机械件	
35	包装类	GD 系列配件	包含 GD 包装机组专用机械件，不考虑烟支规格，即包含生产细支烟等非常规烟支时使用的烟机零配件	包装类采购站
36	包装类	ZB47/ZB48/FX2 系列配件	包含 ZB47、ZB48、FX2 包装设备的专用机械件	
37	包装类	装封箱机配件	包含各型号装封箱设备的专用机械件	
38	包装类	条 / 成品输送配件	包含条包 / 成品输送设备的专用机械件	
39	包装类	残烟机配件	包含各型号残烟处理设备的专用机械件	
40	包装类	FOCKE 包装机配件	包含 FOCKE 包装机专用机械件	
41	包装类	ZB43 包装机配件	包含 ZB43 包装机专用机械件	
42	包装类	DT 包装机配件	包含 DT 包装机专用机械件	
43	动力类	AGV 小车配件	包含所有 AGV 小车专用机械件	
44	动力类	除尘类配件	包含压棒机、除尘设备专用机械件及除尘滤袋、布袋等	
45	动力类	水处理配件	包含水处理系统专用机械件、过滤器、井管、格栅、密封圈等	
46	动力类	物流配件	包含物流系统专用机械件	
47	动力类	变配电配件	包含变配电类电器件、高压电器件、配电柜抽屉式开关、高压拉闸杆、电抗器、电容器等	公用动力类采购站
48	动力类	锅炉配件	包含各型号锅炉的专用配件等	
49	动力类	空调过滤件	包含各型号空调机组过滤板、过滤筒、过滤网等	
50	动力类	制冷空调件	包含制冷空调的表冷器、压缩机蒸发器、制冷压缩机等专用配件	
51	动力类	空压真空件	包含空压机、真空泵专用配件等，不含膨胀线	
52	通用类	气动液压类	包含电磁阀、阀岛、气缸、气弹簧、储能囊、负压发生器、电磁阀控制器，以及所有气、液压配件等	
53	通用类	通用电气类	包含各类设备上的通用电气配件，如伺服控制器、传感器、接近开关、微动开关、行程开关、旋钮、按钮、负压开关、空气开关、接触器、指示灯等（不包含自控模块）	

序号	大类	标段名称	标段内容	采购单位
54	通用类	变频器类	包含各类设备所有变频器	公用动力类采购站
55	通用类	自控模块	包含各卷烟厂内所有西门子、ABB 等自动化控制系列模块及其专用线缆等	
56	通用类	电机减速机	包含各类电机、伺服电机、减速机、风机、风机的风叶（SEW 减速机、各类电机、各类风机）等	
57	通用类	泵阀件	包含各类泵、薄膜阀、截止阀、蝶阀、阀门角执行器、过滤器、所有进口阀件和上述泵阀的零配件、附件，以及安全阀、膨胀节	
58	通用类	仪器仪表	包含水分仪、天平、流量计、温湿度传感器、压力传感器、液位传感器、电子皮带秤、风量检测器、压力变送器、电子衡等仪器仪表的零配件	
59	通用类	计算机通信件	包含生产设备用计算机内存、网卡、读卡器、交换机、工控机、触摸屏、服务器等	
60	B 类	标准件、电料类	各类紧固件、标准垫片，包含螺栓、螺钉、螺母、销钉、铆钉、轴用卡簧（外卡簧）、孔用卡簧（内卡簧）、小链条等标准件；电线、电缆、插座、排插、墙壁开关、开关盒、路灯、接线头、灯具、低价值空气开关等电料类；三角带、多锲带、通用平皮带等通用带类	各卷烟厂
61	B 类	化工、润滑类	包含制冷剂、化学试剂、油墨、清洗剂、丙酮、油漆、玻璃器皿、除锈剂、除尘液、静电消除液等化工产品以及各类润滑油、润滑脂等润滑材料	
62	B 类	五金、水暖类	包含钢材、铜材、塑料棒、有机玻璃、拉手、插销、万向轮、不锈钢网、锁具等五金材料，以及铝塑管、镀锌管、钢管、PPR 管和上述管件的弯头、三通、对丝、由任、钢丝管、网状软管、低价值泵阀等水暖管件	
63	B 类	工具类	包含钳子、扳手、螺丝刀、砂纸（布）、铆钉枪、气钉枪、管钳、加油嘴、加油枪、打气筒等各类工具；钢板尺、卡尺、压力表、温度表、百分表、千分表、水表、万用表、电流表、电压表、电子秤等计量器具；拖把、灰斗、笤帚、扫把、擦机布等清洁工具	
64	B 类	轴承、密封类	包含各设备所有轴承、各类橡胶密封圈、O 型圈等（每次购进量不能超过 3 个月使用量）	
65	B 类	搬运清洁类	液压车、叉车、抱车、洗地机等物流设备设施的配件	
66	B 类	外协加工件	因生产经营需要，由外协服务商协助修复电机、修补传动轴、加工制作临时需要的工件等。不得将社会上已量化生产的器件列入外协加工件购置（外协加工件应在 3 个月内消化完毕）	
67	C 类	配件中心直供	中烟烟机零配件采购服务中心有限责任公司采购供应的配件，根据服务中心通知随时调整	

采购站负责采购比例的执行,必要时采购站统筹调整,确保各中标供应商的采购比例符合合同条款。采购站零配件业务员须与供应商约定品种、数量、价格、材质、到货时间(国产件需在 1 个月之内到货,进口件需在 3 个月之内到货)、到货地点(需求卷烟厂)等信息,在 EAM 系统中完成零配件采购订单登记,提交采购组组长审批。每月 25 日之前,完成当月所有月度采购计划的订单登记工作。

属于专用件的,按公司烟机零配件集中采购管理实施细则的要求,登录"中国烟草机械零配件交易监管网"与供应商签订电子交易合同,并在 EAM 系统中进行采购订单登记。网上交易合同号需填写在"采购订单登记——合同编号"中,EAM 系统订单号填写在网上交易合同的备注栏中。

属于通用件的,合同签订可参照零配件采购合同(范本合同)进行,对于有网上交易资格的供应商,也可登录"中国烟草机械零配件交易监管网"与供应商签订电子交易合同。网上交易合同号需填写在"采购订单登记——合同编号"中,EAM 系统订单号填写在网上交易合同的备注栏中。审计派驻办公室指定专人对网上交易合同进行审核鉴章。

供应商应按照采购订单要求的品种、数量、到货时间、到货地点发货,包装内须附有装箱单,标注订单编号或交易合同号、规格、图号、名称、数量等信息,便于收货时核对。

采购站零配件业务员每月应对超过到货日期或者质量不合格的订单进行分析,对无法执行、不需执行的订单在 EAM 系统零配件采购订单登记中做终止处理。对订单执行能力较差的供应商,应及时在 EAM 系统供应商问题登记中予以登记、确认,作为供应商评价的依据。

2.B类零配件采购

B 类零配件的采购方式按照年度批复实施。招标结果中未包含的零配件品种,应先按照零配件标段划分标准识别该零配件的所属标段,属于新增零配件的,在所属标段中标供应商范围内进行询价采购。价格确定、供应商选择和采购比例应严格执行招标结果,实施公开招标及询价活动的结果要及时在 EAM 系统招标询价结果登记中录入,填写招标结果登记单和询价结果登记单。

招标结果中未包含的零配件品种,应先按照零配件标段划分标准识别该零配件的所属标段,在所属标段中标供应商范围内进行询价采购,系统对询价结果实行就低不就高的控制原则。询价过程需在监督部门的监督下进行,共同确认询价结果并签字。零配件业务员负责 B 类采购比例的执行,确保各标段中标供应商的采购比例符合相关要求。

零配件业务员须与供应商约定品种、数量、价格、材质、到货时间等信息,在 EAM 系统中完成采购订单登记,提交设备管理部负责人审批。每月 25 日之前,完成当月所有 B 类月度采购计划的订单登记工作。

B 类零配件合同签订参照零配件采购合同(范本合同)进行,对于有网上交易资格的供应商,登录"中国烟草机械零配件交易监管网"与供应商签订电子交易合同。审计派驻办公室指定专人对 B 类网上交易合同进行审核鉴章。

供应商应按照采购订单要求的品种、数量、到货时间等信息发货,包装内须附有装箱单,标注采购订单编号或交易合同号、规格、图号、名称、数量等信息,便于收货时核对。

零配件业务员每月应对超过到货日期或者质量不合格的订单进行分析,对无法执行、不需执行的订单在 EAM 系统零配件采购订单登记中做终止处理。对订单执行能力较差的供应商,应及时在 EAM 系统供应商问题登记中予以登记,作为供应商评价的重要依据。

3.C类零配件采购

C类零配件采购管理按照河南中烟关于开展进口专用烟机零配件集中采购工作的通知要求执行。凡属中烟烟机零配件采购服务中心有限责任公司统一采购范围内的零配件品种,均可从该单位采购,登陆"中国烟草机械零配件交易监管网-进口专用件交易系统"完成询价、合同签订和验收,同时把价格录入 EAM 系统,完成采购订单登记。

二、零配件仓储

(一)零配件验收入库

零配件仓库按照验收标准进行零配件验收入库,到货后 3 日内完成验收。

专用件须有供应商的明显标记;通用件须有产品标识、合格证和完整包装,产品标识上应有产品名称、规格、等级、厂名和厂址等,"三无"产品原则上不予验收。

零配件仓库按照批准的采购订单核对到货零配件的产品名称、图号、规格、品牌、数量等,对零配件质量进行检验,不合格品及时通知零配件业务员确认后退回供应商,做调换或退货处理,并在 EAM 系统填写完成零配件验收单。对验收合格的零配件及时办理入库手续,并在 EAM 系统填写完成零配件入库单。

零配件核算员根据当月入库情况,进入 EAM 系统"应付账款管理"开具零配件采购结算通知单,通知供应商开具增值税专用发票。每月 25 日之前,零配件核算员根据供应商开具的增值税专用发票,在 EAM 系统"应付账款管理——零配件采购发票登记单"进行发票登记,然后进行价格核对,并出具零配件入库结算单,移交中心财务部门。发票价格依据订单采购价或 EAM 系统登记的招标询价结果。

按照总额控制、均衡公平、资金集约的原则进行货款支付。每月以财务部门核准的资金预算总额作为最高限定标准,实行总额控制。

零配件计划员或零配件业务员在每月 1 日前,根据购进零配件应付账款总额、入账时间等编制的卷接采购站、包装采购站 A 类零配件月度付款计划,经采购站站长审核后报公司生产管理部;编制的 B、C 类零配件月度付款计划,经分管领导审核后报公司生产管理部。采购站每月底要与财务核对 A、B、C 类购进零配件应付账款余额,确保 EAM 系统中各供应商应付账款余额与财务账保持一致。

(二)零配件寄存管理

建立寄存库是一种有效降低零配件库存量的管理手段,是指乙方将零配件寄存在甲方仓库,实物由甲方保管,产权归乙方所有,甲方领用的零配件据实结算,长期不用的零配件退回乙方的一种管理模式。

甲乙双方共同商定寄存零配件的品种、数量、最高库存、最低库存、结算价格。甲方定期向乙方以书面形式通报寄存库使用情况并出具补货计划，乙方按照补货计划按时发货到甲方指定仓库。双方定期对寄存库进行一次盘点，形成寄存库盘点表，乙方凭寄存库盘点表按协议价格、领用清单开具发票进行结算。

甲方在发放零配件时本着先进先出的原则，对寄存库零配件单独建账、单独存放并妥善保管，因保管不善致使零配件损坏的费用由甲方承担。橡胶、塑料制品存放三个月以上的，由乙方予以调换。

制造中心寄存件以卷接、包装主要机型 A 类零配件为主，其他机型零配件为辅的原则，筛选定期消耗的易损件、使用频次较高的常用件及价值较高的关键部件。

公开招标的中标供应商方可建立寄存库，原则上同一标段只选一家供应商寄存，优秀供应商可优先寄存，供货比例保持不变。

零配件业务员确定寄存零配件的品种、图号、规格型号、材质、最高寄存数量、单价（中标价格）、寄存供应商等，并在 EAM 系统中完成寄存协议登记，A 类零配件寄存协议登记提交采购站确认，经采购站确认后生效。采购站与供应商签订"零配件寄存协议（范本合同）"。寄存协议生效后，寄存的零配件品种原则上不得再按正常件采购，应以寄存采购为主。

零配件业务员定期统计分析寄存件的领用情况，长期未领用的寄存件由供方进行收回。随着机型的更新、置换，零配件业务员应与各车间设备技术员协商，及时更新、补充寄存零配件的种类。

按照订单数量验收、入库，入库方式为"寄存件入库"。此时库存的寄存零配件产权归供应商所有，但在 EAM 系统中能显示其库存数量和金额。

寄存件由零配件仓库指定专人管理，进行单独存放和保管，单独建账；定期对寄存的零配件进行盘点，并把盘点结果及时反馈给零配件业务员，必要时零配件业务员联系寄存供应商处理。

寄存零配件被领用后，寄存件保管员应及时在 EAM 系统"领用退库确认"中完成确认，在领用当月完成退库确认。

寄存零配件发放并完成退库手续后，EAM 系统会自动生成带协议价、数量的出库单，同时生成带协议价、数量的正常件入库单。此时，寄存件成为购进件，可以结算、付款。零配件核算员每月按照结算相关要求进行结算，零配件计划员或零配件业务员按照正常流程进行月度预算的编制，并完成货款支付。

若寄存协议价变更，须中止原寄存协议，重新签订新的寄存协议，新协议生效之后产生的出库单及入库单按照新协议价生成；协议生效之前领用的寄存零配件，其出库价及结算价按原协议价执行。

（三）零配件调剂

零配件调剂是指零配件在河南中烟各个卷烟厂零配件仓库之间的调动。在需求计划申报、需求平衡、月度需求信息完善等环节，各车间技术员、计划员和零配件业务员均应关注 EAM 系统中的黄色、红色记录,及时查询其他卷烟厂积压件和冷件库存,若库存满足使用需求,应中止需求计划,进行库存调剂。

在调剂申请提交后 2 个工作日内,调出厂应确认是否可以调剂,能调剂的发快递至调入厂,快递费用由调入厂支付(若属特殊易碎品或价值较高的零配件,由调入厂负责运输),并在 EAM 系统"零配件厂间调剂出库"中予以确认,在备注栏中注明快递公司及运单号或其他相关信息,不能调剂的要及时向申请人说明原因。

调入厂在收到货物 24 小时内,完成验收入库,并在 EAM 系统"零配件厂间调剂入库"中予以确认。调出厂按照库存金额出库,调入厂按照调出厂库存金额入库,月末报财务进行账目处理。

冷件库存满足需求且申报计划未进行厂间调剂的情形将纳入卷烟厂考核。

(四)零配件质量问题处理

在零配件验收、入库、使用等各环节均要及时收集零配件质量问题和供应商服务问题,并及时反馈给采购站零配件业务员,质量不合格的零配件要及时调换或做退货处理。因质量问题需进行调换、退货等的零配件,采取谁采购谁负责的原则。

对出现的各类问题,要及时在 EAM 系统"供应商管理问题登记"中予以登记,零配件业务员需及时在"供应商管理问题登记复核"中予以确认,供应商质量登记作为评价供应商的主要依据。

(五)零配件旧件管理

符合要求的零配件领用要执行交旧领新规定。交旧领新的零配件种类包括:全部专用件(易损件除外)、部分电气件(电机、减速机、触摸屏、显示器、变频器和其他单价超过5000 元的电气件)、泵类、阀门类、气动液压件、工具类等。发生零配件领用的一个月内,各车间应将换下来的旧件交回零配件仓库。

鼓励车间开展零配件修旧利废活动。修旧利废是指车间针对旧件进行委外维修或自主维修,使其性能达到或接近相同产品的技术指标。可在日常检修后满足使用要求的或经过简单处理就能恢复零部件技术性能的除外。

修旧利废的范围包括:

各种泵、阀件的修复再利用。

液压、气动元件的修复再利用。

变频器、触摸屏、检测装置等电气件的修复再利用。

电机、减速机、风机的修复再利用。

高价值总成件维修。

其他有修旧利废价值的部件。

由各车间设备技术员判定维修更换下来的旧件是否可列入修旧利废范围,并确定是自主维修还是委外维修。

委外进行零配件修旧利废的,旧件由车间设备技术员在 EAM 系统中申报维修件申请,在维修件申请中选择"确认维修"并把旧件交予零配件仓库。委外维修的零配件修复后,由零配件仓库按照要求验收入库,车间必须优先领用。自主进行零配件修旧利废的,旧件由各车间负责维修,各车间应制定零配件修旧利废相关制度,对自主维修零配件的种类、实施流程、评审等进行管理。各车间需指定专人管理自主维修,修复件应优先使用,并做好相关使用记录。

各车间每季度统计零配件修旧利废的品种、数量、节约金额等信息并报送设备管理部,经设备管理部设备技术员统一确认后,根据各车间修旧利废工作质量、节省费用等情况,设备管理部给予奖励。

(六)零配件报废管理

零配件核算员对库存的淘汰机型配套零配件、没有利用价值的零配件或因老化造成无法使用的零配件进行汇总,经设备管理部组织技术人员评审认定后,填写零配件报废单,申报公司生产管理部审批。

公司生产管理部牵头组织各卷烟厂技术人员进行鉴定验证,并填写拟报废零配件鉴定表。对于有利用价值的,在厂际间调剂使用;对于没有利用价值的,由公司生产管理部汇总后报公司财务管理部审核,经公司统一研究处理。

待报废零配件申请经公司批复后,零配件仓库对其进行下货位封存。设备管理部按照公司批复要求,对需要报废的零配件进行实物处置。

(七)库存定额管理

依据公司生产管理部下达的年度零配件库存定额指标,设备管理部将指标分解到各个车间,实行库存定额分级管理。

设备管理部和车间要掌握设备的运行、改造等信息,属于冷件的不得在未消耗的前提下重复购进,应优先进行厂间调剂,避免新增冗余零配件。

各车间应根据设备维修需要申报零配件临时需求,在申请需求计划时,应关注零配件库存和在途情况。各车间计划申报后应进行需求计划跟踪,零配件到货后,原则上应在零配件入库1周内提交领用申请,零配件保管员应在3日内通过EAM系统完成领用出库确认。各车间申报的零配件到货入库1个月内领用率不得低于80%,未领用的部分做好记录,避免形成沉积冷件(入库后36个月以上未发生领用的零配件)。设备管理部每月对车间需求已入库未领用情况进行统计,督促各车间领用。

三、零配件领用

(一)零配件领用要求

为提高设备维修费用分析的有效性,原则上应做到零配件领用记录到具体设备。零配件应优先、尽量发放到设备,至少应发放到设备系统。单价≥200元的零配件或者更换周期≥1月的零配件,原则上必须发放到设备。设备与零配件应真实对应,零配件不得与设备随意进行关联,不得将与设备无关的零配件关联到设备。因自主维修、自主项修等建立的项目发生的零配件,涉及多个设备的,应根据每个设备分别建立对应的项目。

零配件更换周期＜1个月的易损零配件,应建立相关零配件的清单,进入清单的零配件可以按月以批量方式逐一发放到对应的设备,设备每次领取的数量不得超出1.5个月正常的使用量;更换周期≥1个月的零配件,每个设备不得超出正常周期的使用数量。发放金额单价≥400元的零配件以及批量领用总金额≥10000元的零配件,应对零配件领用数量和时间间隔的合理性进行审核监督。

已入库零配件的领取应遵循先领后用原则,及时进行相关确认工作,保证费用数据的及时性和准确性,寄存零配件退库确认工作原则上应在领用确认日期/入账日期后的15日内完成;未入库零配件的领用应进行严格规范管理。

零配件领取应遵循即用即领原则,对于领而未用的零配件数量和金额进行严格控制;更换周期≥1个月的零配件,原则上应在领取后的30个工作日内完成使用。

规范车间余料库零配件管理,对于需要发放到车间余料库内的零配件,应对零配件的范围、数量和金额进行管理控制;从车间余料库发出的零配件遵照以上管理要求。细化典型设备的零配件发放管理要求。

每月对零配件月度发放到设备情况、未发放到设备和进入余料库的情况进行统计,定期对零配件发放情况进行检查考核。

（二）维修工单零配件领用

日常维修用零配件领用原则上从维修工单、异常处理发起零配件领用。维修工单原则上应与设备进行关联,涉及多台设备维修的,应分别建立维修工单。单价≥200元的零配件或者更换周期≥1月的零配件须进入维修工单领用。

在维修工单中如实填写实际发生的零配件种类及数量,不得出现与维修无关的零配件,不得出现超正常数量使用零配件的现象。关注零配件更换间隔时间,如零配件更换周期明显小于正常间隔时间的,应进行原因分析,并对零配件质量和维修工作质量进行客观评价。

每月对未进入维修工单的零配件和未与设备关联的维修工单涉及的零配件进行统计分析,定期进行维修规范使用零配件检查考核。

（三）紧急需求零配件领用

因设备运行突发故障、工艺改造等造成的紧急零配件需求,车间需在EAM系统"需求计划申请"中进行申报,并及时通知设备管理部计划员,计划员及时在EAM系统"需求平衡"中确认并提交。车间在EAM系统完成紧急需求申请后,同时填写一式三联"急件领用单",由车间设备主任、设备管理部零配件业务员和零配件仓库共同签字确认、保存。

紧急需求零配件到货,仓库验收合格后,需及时通知需求部门领用。车间所报紧急零配件需求必须在采购订单审批完成的当月或次月入库,需求车间应在紧急需求零配件入库1个月内通过EAM系统完成领用。

第四章 设备改造处置阶段管理

《中国烟草总公司设备管理办法》等文件对卷烟厂设备后期阶段的设备改造、报废等提出了基本要求。设备改造、报废等处置须按专业设备和通用设备分类实施。设备改造须应用新技术和先进经验,适应生产需要,改变现有设备的结构(更换、增添新部件、新装置、新附件),改善现有设备的技术性能。烟草专用机械改造后的性能要符合行业有关管理要求。设备报废前要组织技术鉴定,区别情况进行处理。烟草专用机械的报废、销毁处理要按行业有关规定执行。特种设备的报废、销毁处理要按国家、地方有关规定严格执行。通用设备的报废、销毁处理要按社会通行办法处理。

按照国家、行业和地方相关要求,河南中烟结合企业实际情况制定了关于设备大修、改造、处置等方面的管理程序及制度,制造中心等卷烟厂按照流程和制度要求实施设备后期阶段管理工作。

第一节 设备大(项)修及改造管理

设备大修是指对达到大修周期的设备进行全面修理,即通过更换零配件、专业技术调整,全面消除缺陷,恢复原有精度、性能,或通过先进技术的投入,提高原有设备技术含量和效能的彻底技术修复。设备项修是指根据设备的技术状态,对达不到工艺和技术要求的某个或某些部位,进行单项或多项针对性修理,以恢复或提升所修部位的精度、性能。设备改造是指为完善和提高设备性能、增加设备能力、减轻工人劳动强度、提高对工艺质量的保证能力,依靠外协技术力量,采用新技术、新工艺、新材料、新方法对现有设备的关键部位进行局部改造。

一、项目计划

设备大(项)修及改造项目分为投资类和费用类,投资类项目按照《投资项目库管理办法》的要求进行出入库管理,费用类项目直接通过项目系统上报项目计划,不纳入项目库管理。

各卷烟厂项目需求部门根据实际需求和市场调研情况编制项目报告(需求),包括需求背景、项目内容及初步方案、可行性分析、投资估算、进度安排、预期效果等内容。项目计划经归口管理部门论证、三项工作委员会或总经理办公会审核同意后，通过 OA 系统以正式文件形式上报请示。年度计划 9 月 20 日前上报，半年度调整计划 6 月 15 日前上报。

投资类项目需求计划按照"年度新增投资项目计划申请表"格式填报，费用类项目按照"年度费用项目计划申请表"格式填报，需求报告参照《非工程投资项目立项申请报告编写提纲》格式编制。

公司生产管理部汇总各卷烟厂项目计划并组织审核，审核通过后，依次提交总经理办公会、董事会管理委员会审核后，提交董事会审批。

投资类设备大（项）修及改造项目计划，公司生产管理部根据董事会审批意见，按照《投资项目管理程序》的要求，以清单形式下达。

费用类设备大（项）修及改造项目计划，公司生产管理部根据董事会审批意见，以"清单＋总额"的形式下达。其中 30 万元（含）以上的项目以明细清单形式下达，其他以总额费用形式下达。

各卷烟厂接到公司批复文件后，进行项目计划分解，组织立项审查，按照要求将项目进度计划录入项目管理信息系统，根据需要编制项目实施计划，并明确项目负责人和实施负责人。

卷烟厂根据设备实际情况，对涉及生产、质量、安全等问题的急需、必需项目，可申请适当新增设备大修、项修、改造等项目计划。各卷烟厂以正式文件形式，于 6 月 15 日前报送当年投资计划调整申请。

投资计划调整申请由公司归口管理部门汇总，经公司主管领导审核同意后，提交生产管理部，由生产管理部按照程序提交审批及下发。

拟取消项目计划由公司归口管理部门初审，生产管理部汇总，报公司董事会管理委员会审核同意后项目终止，同时报董事会备案。

项目年度付款计划调整在公司年度预算额度内的，各卷烟厂根据项目进展情况调整项目付款额度与进度计划，公司生产管理部、信息中心等归口管理部门按照各卷烟厂上报的调整计划，在项目管理信息系统中对项目付款计划进行调整；超出公司年度预算额度的，由公司生产管理部报公司总经理办公会或董事会管理委员会审核后，提交财务管理部按程序调整预算。

对于年度采购项目计划内已完成立项审批或采购，但未实施完毕的项目，经各卷烟厂审核后，于 10 月 15 日前在项目管理信息系统中完成项目结转计划编制。公司生产管理部将公司所有需结转的投资项目进行整理后，纳入次年度投资计划上报公司审核。

二、项目采购

各卷烟厂设备大（项）修及改造项目，项目实施单位要参照《非工程投资项目立项申请报告编写提纲》的要求，编制项目立项申请报告，经卷烟厂审批后提报厂长（总经理）办公会进行审批。

项目立项批复后，原则上不允许变更。因客观原因确需变更的，在公司投资计划批复投资内容及金额范围内,由原审批单位按照本单位制度规定程序进行立项调整及变更审批;超出批复投资内容及额度的,项目中止或取消,上报公司批复同意后方可实施。

接到项目计划或立项批复后,因政策调整、客观条件变化等原因不宜继续实施的,项目所在单位应在上报年度或半年度项目计划时,报原审批单位审批后终止或取消项目。

项目实施单位按照采购管理程序有关规定编制招标方案、招标文件,报规范管理办公室、财务管理部、办公室(法改)、审计部等部门审核后,开展招标采购工作。

项目实施单位按照采购管理程序进行招投标后,下达中标通知书,涉及多家单位(部门)且由一家单位(部门)牵头统一招标的项目,牵头单位(部门)负责组织招标采购工作、办理有关事宜,其他单位(部门)配合。

授权项目实施单位实施的设备大(项)修及改造,项目实施单位按照本单位设备大(项)修及改造管理办法要求组织实施。

项目实施单位根据招标结果,按照合同管理规定编制设备大(项)修及改造合同文本,并报办公室、财务管理部审核,再报审计部,审计部按照合同审计管理办法中的有关规定进行审核后签章。

合同签订后,项目实施单位及时将合同正式文本、技术协议等相关资料录入项目管理信息系统。烟草专用机械设备大修项目由项目所在单位完成合同审批流程后,提交公司生产管理部审核,审计部加盖公司合同章。按照《中国烟草总公司烟草专用机械大修和项修及改造管理办法》的规定,由项目所在单位将公司审批后的专用设备大(项)修合同报中国烟草机械有限责任公司审批、签章后生效,并及时在烟机大(项)修及改造信息管理系统录入项目信息。

公司统一招标的项目,根据招标采购结果需要进行合同谈判的,由牵头单位负责组织谈判,分别签订合同。

三、项目实施

项目负责人按照合同履约要求,组织协调相关部门,督促供应商或施工单位按期履行相关义务和责任,沟通处理相关问题,推动项目顺利实施。

项目款项支付由项目负责人按照合同规定、实际进度,在公司项目管理信息系统提报付款计划,卷烟厂主管领导审批后,提报公司生产管理部。

公司生产管理部进行汇总、复核,报财务管理部纳入月度资金计划。财务管理部按计划将资金直拨到合同执行单位,各卷烟厂按照核准付款计划执行。

大(项)修及改造项目的设备或备件到货后,项目实施单位主管部门根据需要组织开箱验收。开箱验收主要内容:设备大(项)修或改造货物内容与合同是否一致,资料是否完整,附件和工具是否齐全等。同时填写设备开箱验收单与技术资料一并存档。

设备大(项)修及改造项目的安装、改造及调试工作由项目主管部门负责组织,项目负责人负责管理实施,并对过程涉及问题进行协调,保证安装、改造及调试工作顺利进行。

设备大(项)修及改造完成后,由实施单位主管部门组织使用部门和相关部门人员,依据合同、技术协议及国家相关规范、标准进行验收,做好相应验收记录,卷接、包装、成型机组设备验收必须填写卷接、包装、成型机组测试运行记录单。设备验收合格后,填写设备验收单。大修的主要生产设备还应同时在装备管理信息系统下达设备投产通知单,移交使用部门投入使用,纳入日常管理和维护。

资本化类设备大(项)修及改造项目,项目负责人按照《固定资产台账管理办法》的要求办理设备增值手续;费用化类设备大(项)修及改造项目,项目负责人按照财务制度相关规定办理手续。

项目负责人按照投资项目档案管理办法的要求及时收集项目实施过程资料,并在活动结束时将全部资料进行整理,移交档案部门存档。

设备大(项)修及改造管理流程如图 4.1.1 所示。

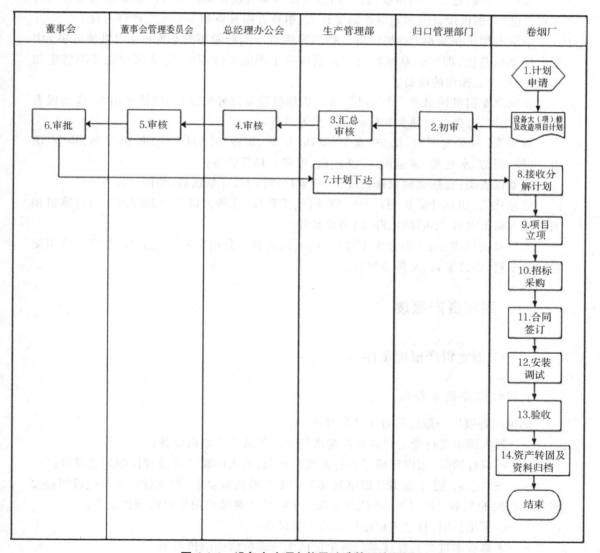

图 4.1.1　设备大(项)修及改造管理流程图

第二节 设备处置管理

卷烟厂设备处置按照固定资产处置管理标准和制度执行。固定资产处置包括固定资产的报废、转让、租赁等活动。固定资产报废是指固定资产由于正常使用而磨损,最后丧失使用价值,或由自然侵蚀、意外事故造成固定资产无法修复的毁损,或由于其他原因需对设备予以放弃的行为。固定资产转让是指将所有权归公司所有的固定资产,无偿转让或出售给其他组织或个人。固定资产租赁是指将所有权归公司所有的固定资产,以出租方式租赁给其他组织或个人的活动。

卷烟厂将固定资产的报废、转让和租赁分为烟机设备类固定资产和非烟机设备类固定资产进行,烟机设备类固定资产的受让方、租赁方需具备相关专卖生产许可证。

烟草专用机械简称"烟机设备",指国家烟草专卖局颁布的《烟草专用机械名录》中规定的烟机整机,即在烟草原料及有关辅料的生产加工过程中,完成某项或多项特定加工工序,可独立操作的设备。

非烟草专用机械简称"非烟机设备",指烟机设备以外的设备,包括通用类、仪器仪表类、信息化类、办公及交通类和生活服务类等设备。

通用类:包括变配电、锅炉、真空、空压、空调、制冷、冷却塔、采暖、热交换、除尘、供水、电梯、消防、水处理、搬运机械、洗地机、维修工具等设备;

仪器仪表类:包括试验仪器及设备、质量检测仪器、计量仪器、监测仪器等;

信息化类:包括计算机、打印机、扫描仪、投影仪、视频会议系统、服务器、与计算机相关的输入输出设备、不间断电源、网络设备等;

办公及交通类:用于办公室工作的设备、器具和办公用交通运输工具,包括办公用交通运输车辆、办公家具、文体器材等。

一、固定资产报废

(一)固定资产报废条件

1.烟机设备报废条件

烟机设备报废一般应符合下述条件之一:

——列入国家或行业公布的必须淘汰的设备名录中的烟机设备;

——不符合国际、国内环境保护有关规定要求,列入国家要求被替代的烟机设备;

——技术落后、已不能满足烟草制品生产工艺或质量要求,行业技术装备政策明确要求淘汰替换的烟草专用机械,或技改后淘汰下线且无继续使用价值的烟机设备;

——已提足折旧,且已无使用价值的烟机设备;

——大修成本过高且经技术经济论证已无修理价值的烟机设备。

2.信息化设备报废条件

信息化类设备报废应符合下列条件之一：

——国家明令淘汰的信息化类设备；

——已提足折旧,且没有继续使用价值的设备；

——设备严重老化,其性能无法满足工作及安全使用需要的设备；

——故障维修费用过高,经技术鉴定已无修理价值的设备。

3.其他固定资产报废条件

其他固定资产报废应符合下述条件之一：

——国家明令淘汰的设备；

——资源消耗高、环境污染大、保障性能差的设备；

——已提足折旧,且没有继续使用价值的固定资产；

——技术改造淘汰且无继续利用价值的固定资产。

（二）固定资产报废计划

各卷烟厂根据设备使用情况,编制固定资产报废计划,并对拟报废固定资产组织技术鉴定,按要求填写河南中烟固定资产报废技术鉴定表。各卷烟厂的固定资产报废计划应以正式文件形式报公司审批。

烟机设备与非烟机设备报废计划分别上报。上报时需填报河南中烟固定资产报废申请表、烟草专用机械设备报废申请表,并附详细资产使用情况、报废理由,其中资产净值占原值比例超过 20% 的,应提供专项情况说明。拟报废烟机设备凡不符合以上 5 项报废条件,但确实已无使用价值的,需填报烟草专用机械设备报废补充申请表,并附详细说明材料。

各卷烟厂提交的固定资产报废计划,由生产管理部、财务管理部及相关部门审核,并由生产管理部提交公司总经理办公会、董事会审核与审批。固定资产报废计划由公司总经理办公会审核后,公司董事会审批。

根据公司董事会审批意见,由生产管理部下发固定资产报废批复文件。

固定资产报废管理流程如图 4.2.1 所示。

（三）固定资产报废实物处置

1.烟机设备实物处置

各卷烟厂收到公司下发的烟机设备报废批复,应在一个月内提交烟机设备销毁请示文件,并填写"烟草专用机械设备销毁申请表"。

公司生产管理部、财务管理部、审计部、规范管理办公室会签确认后,提交公司领导审批。

报废烟机设备销毁请示经公司领导审核同意后,由生产管理部将相关批示意见及销毁申请提交省烟草专卖局,协商报废烟机设备的销毁工作。

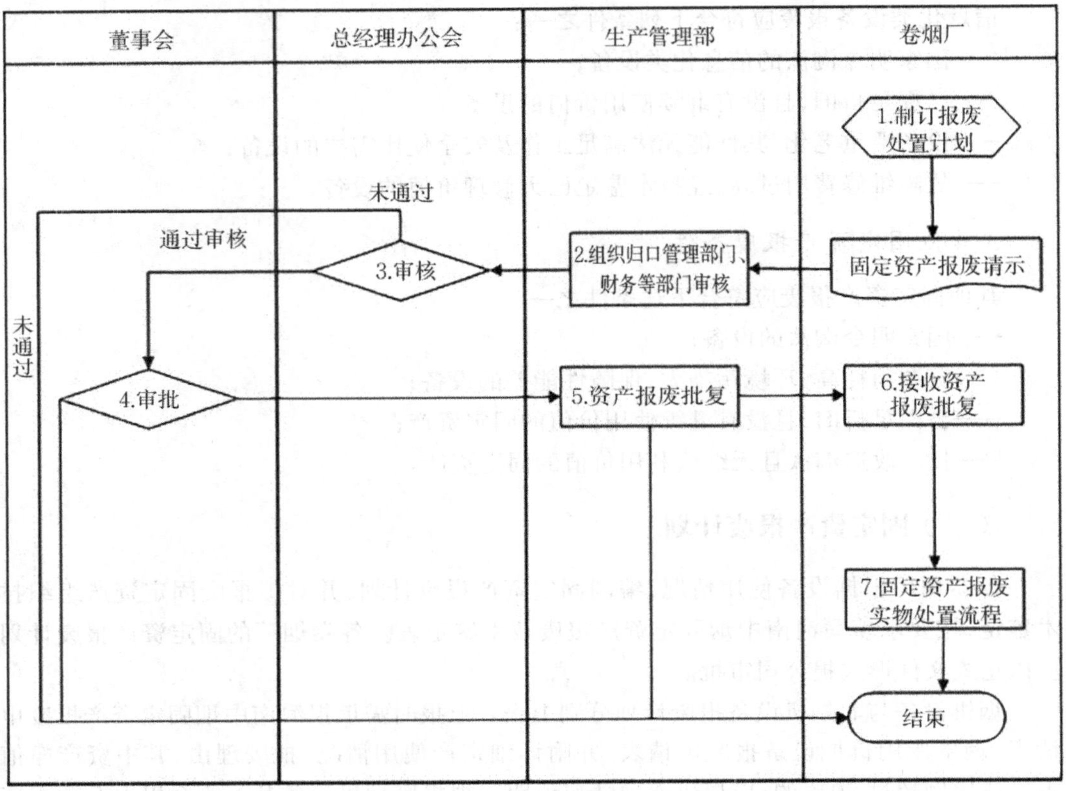

图 4.2.1　固定资产报废管理流程图

财务管理部与省烟草专卖局指定的回收企业签订报废烟机销毁及收购协议。

省烟草专卖局对报废烟机销毁进行监督,规范管理办公室、生产管理部、各单位相关部门配合。各单位按照专卖管理部门要求进行拍照、摄像,记录烟机的销毁过程,并整理制作销毁记录材料。

2.其他固定资产实物处置

各卷烟厂接到公司固定资产报废批复文件后,及时开展实物处置工作,并在实物处置完成10个工作日内上报资产处置情况。

3.固定资产报废记录

各卷烟厂设备管理部门负责整理固定资产处置的相关资料。处置资料包括相关请示、批复,处置记录表格,合同及相关资料、拍卖记录,销毁档案等。

固定资产报废处置结束后1个月内,各卷烟厂设备管理部门应将固定资产处置记录表报公司财务管理部和生产管理部备案,并做好相应账目处理工作。

固定资产报废实物处置流程如图 4.2.2 所示。

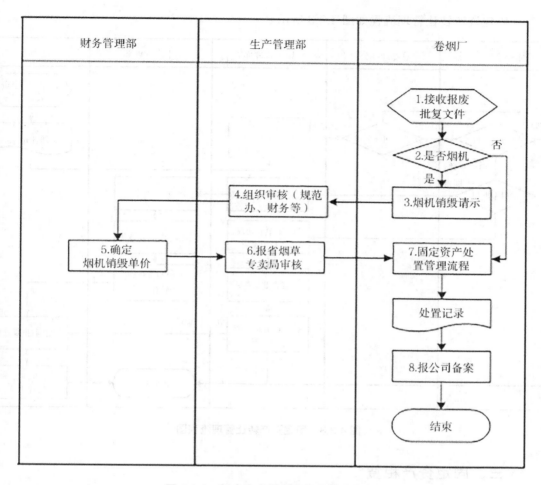

图 4.2.2　固定资产报废实物处置流程图

二、固定资产转让

各卷烟厂根据实际使用情况,分别制订烟机设备、非烟机设备类资产拟转让方案并以正式文件形式上报公司审批。转让方案应纳入本单位年度固定资产处置预案管理。

资产转让方案由财务管理部组织生产管理部、审计部等部门审核。烟机设备和非烟机设备类资产转让方案分别由生产管理部、财务管理部提交总经理办公会、董事会审核。

烟机设备类资产,由财务管理部根据董事会意见签订转让协议,由生产管理部报送国家局审批,按照《烟草专用机械购置和出售及转让审批管理办法》的要求,请示文件应附转让双方达成的协议、授让方烟草专卖许可证等资料。

非烟机设备类资产,由财务管理部根据董事会意见签订转让协议,按照《中国烟草总公司国有资产管理办法》的规定,根据权限报送中国烟草总公司或董事会审批。

根据国家局、总公司的批复,由固定资产所在单位负责具体固定资产转让手续的办理,并做好产权变更、账目处理等工作。

固定资产转让管理流程如图 4.2.3 所示。

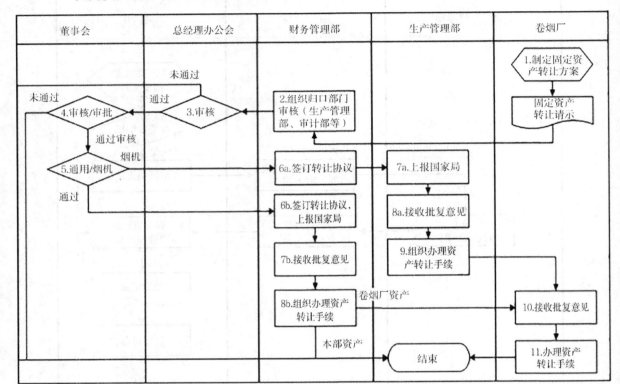

图 4.2.3　固定资产转让管理流程图

三、固定资产租赁

各卷烟厂应根据资产实际使用需求,制定资产出租方案,方案应纳入本单位年度固定资产处置预案管理。

烟机设备资产出租及事项,由设备所在单位以正式文件形式报告公司,公司生产管理部、财务管理部、审计部等部门初审,报公司总经理办公会审核、董事会审议,由生产管理部提交国家局审批。烟机设备出租给全资子公司或三产企业的,按照财务管理部下发的国有资产管理办法等相关规定执行。

非烟机专用设备的其他固定资产出租审核、审批按照公司财务管理部下发的国有资产管理办法中的相关规定执行。固定资产所在单位,根据公司或国家局批复意见,按照公司合同管理规定与租入方签订固定资产租赁协议,并按照协议执行。

第五章　设备寿命周期管理信息平台

近年来,河南中烟通过顶层设计,统一部署,按照高度集成、资源共享、互通互联的理念,构建省级中烟公司集团一体化管控信息网络体系。从整体上看,卷烟厂层面以 MES、数采系统建设为主体,搭建基层数据、信息处理系统,中烟公司层面以装备资产管理系统(EAM)为主体,并关联支撑点检管理信息化的设备状态监控管理系统,支撑项目管理信息化的投资项目管理系统,共同构建出有关卷烟厂设备寿命周期管理业务流程和数据应用的综合信息平台,以及相应长效运行机制和管理模式。

第一节　项目管理信息系统

河南中烟项目管理信息系统是公司落实行业信息化、规范化要求,按照投资项目管理流程和标准而建立的,内容涵盖项目申报规划、年度投资计划、项目立项、初步设计、招标、合同、施工、结算、验收等业务范围,实现了项目全生命周期的要素管控、以投资计划为核心的资金管控,以及项目投资资金执行情况管控。该系统由河南中烟构建,公司本部和所属各卷烟厂等单位使用。系统首页如图 5.1.1 所示。

图 5.1.1　项目管理信息系统首页

从项目管理信息系统的流程图(见图5.1.2)可见,通过系统可开展以下工作:①建立投资计划并进行审核、下达等工作;②对投资计划进行立项,确定采购方式,签订合同以及制订项目实施计划,对项目过程进行监控等;③项目验收。

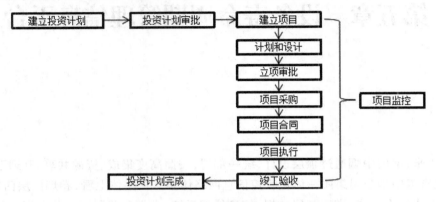

图 5.1.2　项目管理信息系统流程图

一、投资计划管理

投资管理是工程项目管理的起点。投资计划包括技术改造、基建工程、设备购置、设备大修、设备改造等业务。

(1)卷烟厂年度拟建投资项目申报,申报流程如图5.1.3所示。

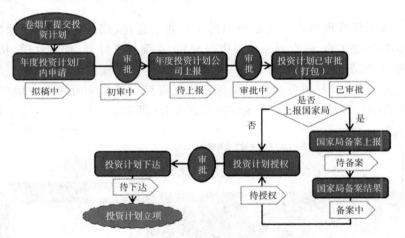

图 5.1.3　拟建投资项目申报流程图

进入"年度投资计划厂内申请"菜单,点击"新增"按钮,在弹出界面"投资计划申报人"中填写项目名称、预计总投资、当年预计付款、主要内容与申请理由等信息及相关附件,然后提交投资计划,发起厂内申请流程。

主管领导对上报的投资计划进行审批。选中投资计划,点击"同意"按钮,也可选中投资计划,点击"审批"按钮,填写详细审批意见,选择不同的操作(同意、退回、退回编辑人、否决中止)。

(2)续建、新开工投资计划项目结转申报,申报流程如图 5.1.4 所示。

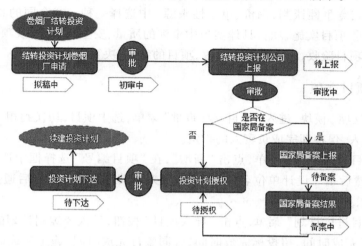

图 5.1.4 续建、新开工投资计划项目结转申报流程图

进入"结转投资计划卷烟厂申请"菜单,点击页面中的"选择结转"按钮,在弹出的页面选中需要结转的上年投资计划,对导入的投资计划完善包括下年计划付款、项目当前状态及形象进度等信息。保存提交后,发起卷烟厂结转审批。卷烟厂审批完后,计划由公司进行相关的审批。

二、项目实施管理

项目实施管理具有规范的管理流程和标准要求。通过落实各种流程和标准,加强对项目的管理和控制能力,减少项目出现重大问题的可能性。项目实施过程概况图如图 5.1.5 所示。

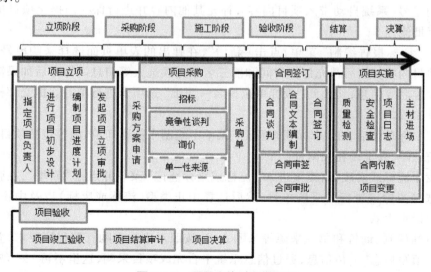

图 5.1.5 项目实施过程概况图

按照时间线,项目实施过程分为 5 个阶段:①项目立项阶段,公司下达投资计划项目后,项目负责人负责进行初步设计,编制项目进度计划,发起立项审批流程。②确定采购方案,在"招标、竞争性谈判、询价、单一性来源"中选择一种。③合同的签订,为项目签订相关合同。④项目实施,项目具体实施中牵涉的质量、安全检查,以及项目相关的日志及付款等。⑤项目验收,项目的竣工验收,项目的结算、决算。

(一)项目立项

在"项目立项"模块,进入"项目立项审批"菜单,选中项目,切换到相关表单,为项目选择项目负责人,保存即完成负责人的指定。

进入"项目初步设计"菜单,点击"新增",在"项目编号"选择框中选择要进行初步设计的项目,然后填写设计单位名称、设计负责人等其他内容。保存后通过"图文附件"上传相关附件,并进行提交。

进入"项目进度计划"菜单,点击"导入项目"按钮,导入要编制计划的项目,然后填写项目的论证完成时间、招投标完成时间、合同签订完成时间、施工完成时间、单项验收计划完成时间、内部验收完成时间、竣工审计财务决算时间、竣工验收计划完成时间。保存并提交后进入审批流程。

(二)项目采购

在"项目采购"模块,项目采购方案分为招标、竞争性谈判、单一来源、询价等几种形式,根据项目批复选取相应方案。

进入"招标方案申请"菜单,点击"新增",在弹出的表单页面填写招标方案内容,选择"项目编号",自动带入项目信息,其他内容按实际情况进行填写,如有附件可通过"图文附件"上传,提交后发起招标方案申请审批流程。

招标方案申请通过后,进入"招标文件编制"菜单,点击"新增",在弹出的表单页面选择采购单号(系统自动带入项目内容),补充其他内容并进行保存。提交项目招标文件后发起审批流程。

进入"评标报告编制"菜单,点击"新增",在弹出的表单页面选择采购单号(系统自动带入项目内容),然后补充评标时间和前三名中标候选人等信息。保存后如果需要填写投标单位排名等信息,切换到"投标单位排名 – 明细"选项卡进行填写。提交评标报告后发起审批流程。

确定中标单位后,在"中标通知登记"菜单中编制中标通知单,内容包括项目信息、中标单位信息等,并上传相关附件。

如发生流标或者废标,需要进入"流标或废标登记"菜单并点击"新增",在弹出的表单界面选择流标或废标的采购单号,然后选择中止类型(流标或废标)以及中止原因,保存提交后记录生效。

竞争性谈判、询价和单一来源等采购方式,按照对应的采购管理程序要求,登录系统相应菜单填写信息、上传信息,通过信息系统平台完成项目采购,这里不再一一叙述。

（三）合同签订

"合同签订"模块分为两个部分："审计管理"模块用于合同审计；"合同管理"模块用于记录谈判情况、文本创建、合同签订审核。

项目负责人进入"合同谈判记录"菜单，点击"新增"，通过在弹出的表单中选择项目编号来导入项目信息，再补充签约单位等其他谈判信息，保存提交后记录生效。

进入"合同文本创建"菜单，点击"新增"，如已存在谈判记录，通过选择谈判单号导入项目信息；如没有谈判记录，谈判记录单号处空白，则通过选择项目编号导入项目信息。再补充合同名称、合同金额等，保存后通过红框中的字段上传合同文本。合同文本创建完成后，在系统建立一个虚拟实体，可用于合同的审签审计及合同签订审核。

进入"合同审签审计"菜单，点击"新增"，在弹出的表单页面填写完相关内容后进行提交，发起审签审批流程，审核通过后申请流入审计部门，之后审计部门会根据审计情况出具审计意见书。

审计人员进入"合同审计意见书"菜单，找到相应合同的记录，切换至相关表单填写《经济合同审计意见书》，完成后提交，发起审批流程。

（四）项目施工

项目实施过程较为复杂，可通过系统管理一些主要的事项，包括以下内容：对进度计划进行分解，设计工作计划，通过关键节点掌控系统的全进度；记录项目实施过程中的相关质量检测、安全检查；其他需记录的项目信息，都以项目日志的方式录入系统进行存档；登记项目验收；项目负责人变更，工程量变更；项目结算审计。

"项目监控"菜单内容包括工作计划的制订、进度实施情况的甘特图展现、系统对项目各环节的监控记录、项目台账及项目的日志。

"项目工作计划"菜单用于编制详细工作计划，进入系统点击"新增"，在弹出的表单页面，通过选择项目编号导入需要编制详细工作计划的项目。

进入菜单，点击"选择项目"，选中要维护或查看的项目。选中项目后，页面右边以图形样式展现，左边以文字进行展示，两边都可以维护项目的进度，维护后必须点击"保存"，将维护结果存入系统。左边区域可直接修改进度和实际开始时间；右边可拖动子计划的进度条，进行维护。

（五）供应商管理

"供应商管理"模块用于录入供应商信息，进入系统的供应商信息在使用系统招投标、合同、付款等模块时可供选择。

进入"供应商准入申请"菜单，点击"新增"，在弹出的表单中填写供应商信息，保存提交后，供应商信息纳入系统管理，可供系统其他模块所用。另外，系统提供了"供应商信息调整""供应商评价记录""供应商退出申请"等维护供应商信息的功能。

第二节　装备管理信息系统

一、系统概况

（一）EAM系统基本架构

　　装备管理信息系统是河南中烟建设的装备管理主体信息化系统，2010年开始建设，之后多次进行迭代升级。目前，在河南中烟及下属七个卷烟厂运行应用。图5.2.1为装备管理信息系统首页。

图5.2.1　装备管理信息系统首页

　　装备管理信息系统聚焦设备管理核心业务，瞄准"三个可控"目标，内容涵盖设备管理相关的决策层、管理层和执行层所有层级业务和流程，功能覆盖设备全生命周期管理的所有阶段和重要环节，已建设成为贯穿公司和卷烟厂两级的设备资产管理平台、设备标准执行平台、设备维护管理平台、设备知识资源共享平台、备件全程管理平台，以及设备管理绩效的综合分析决策平台，是河南中烟设备寿命周期主要的业务和数据管理信息化平台。

　　EAM系统依托互联网和公司总部的服务器，将全省7个卷烟厂的各个用户终端联系起来，通过软件系统实现信息的共享和管理流程的网上流转。系统主要包括基础管理、资产管理、技术标准、运行维护、维修管理、费用管理、零配件管理、能源管理、计量管理、行业接口、零配件供应商评价、决策分析等功能模块，如图5.2.2所示。

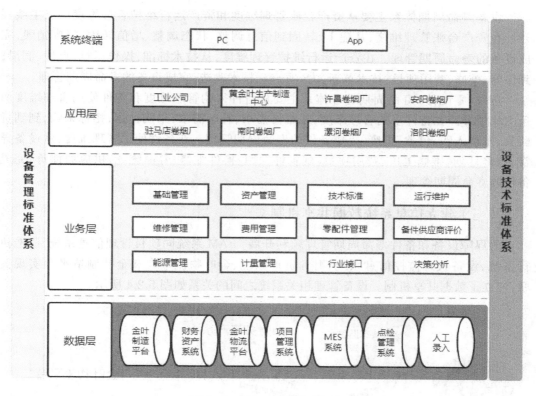

图 5.2.2　EAM 系统基本架构

（二）构建设备和备件寿命周期管理体系

依托 EAM 系统支撑，河南中烟已建立较为完整的设备寿命周期管理体系和备件寿命周期管理体系，如图 5.2.3 所示。

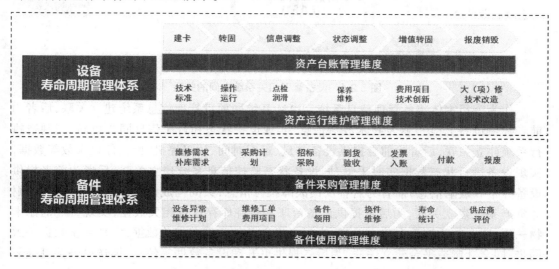

图 5.2.3　设备及备件寿命周期管理体系

设备寿命周期体系主要从资产台账管理维度和资产运行维护管理维度两条主线展开。在资产台账管理维度,从建卡、转固到信息调整、状态调整、增值转固、报废销毁,完成设备的寿命周期管理。在资产运行维护管理维度,从技术标准,操作运行,点检、润滑,到保养、维修,费用项目、技术革新,大(项)修、技术改造,完成设备的寿命周期管理。

备件(零配件)寿命周期管理体系主要从备件采购管理维度和备件使用管理维度两条主线展开。在备件采购管理维度,从维修需求、补库需求,采购计划,招标采购,到到货验收、发票入账、付款、报废,完成备件的寿命周期管理。在备件使用管理维度,从设备异常、维修计划,维修工单、费用项目,到备件领用、换件维修、寿命统计、供应商评价,完成备件的寿命周期管理。

(三)建立信息系统数据共享机制

为保障设备和备件寿命周期管理顺利开展,EAM系统同项目管理信息系统、制造执行系统、设备状态监控信息系统、财务资产系统、金叶物流平台和金叶制造平台实现关联,建立了数据共享机制。设备管理相关系统之间的关系如图5.2.4所示。

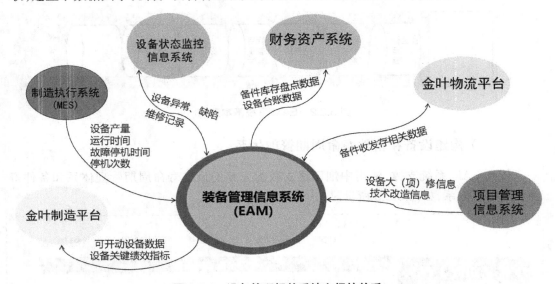

图 5.2.4 设备管理相关系统之间的关系

作为公司主体装备管理信息系统,EAM系统同项目管理信息系统建立关联,后者为前者提供设备大(项)修及技术改造信息,实现设备状态和台账信息同步更新;同制造执行系统建立关联,后者为前者提供设备产量、运行时间、故障停机时间、停机次数等数据,实现设备运行状态数据实时采集;同设备状态监控信息系统建立关联,后者为前者提供设备异常和缺陷信息,前者为后者反馈故障维修信息,共同构成设备异常处理闭环;同财务资产系统建立关联,为后者提供设备台账和备件库存盘点相关数据,实现资产的账卡物一致;同金叶物流平台建立关联,为后者提供备件收发存相关数据,实现系统数据一致同步;同金叶制造平台建立关联,为后者提供可开动设备数据等信息,推送设备关键绩效指标,为生产调度等决策提供依据。

二、资产管理

EAM 系统中的资产管理功能涵盖了固定资产管理主要业务,并同项目管理信息系统、国有资产管理系统、行业设备管理信息系统之间打通数据接口,实现数据共享。资产管理模块包括台账基础、设备台账、转固管理、附件管理、设备变动、设备租赁、统计分析、设备盘点、资产对账九个子模块。资产管理模块主界面见图5.2.5。

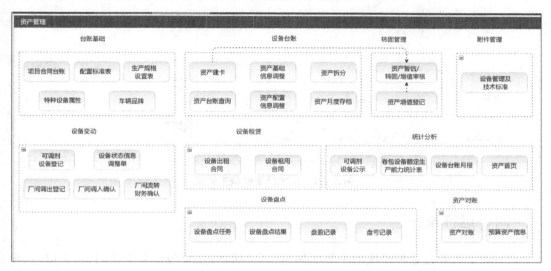

图 5.2.5　资产管理模块主界面

固定资产信息包含在建、在用、闲置、租出、封存、待报废资产的信息。设备的投入产出情况根据设备役龄、净值、运行时长、运行效率、备件费用、利用率、大项修历史等信息进行综合评判。资产基础信息与财务系统、行业设备系统数据完全一致。

资产转固/暂估转固是重点业务,业务流程为"建卡—新增—填报信息—保存—提交—资产暂估/转固/增值审核—启动审批—部门领导审批—经办人转财务人员—财务人员审核"。

三、技术标准

技术标准是设备管理的主要依据,体现了企业设备管理水平。技术标准是系统各类记录(运维、保养、润滑、点检、维修计划)生成的主要依据。EAM 系统中的技术标准模块实现了工作任务的自动推送,提醒维修管理者、维修工、操作工完成工作。技术标准模块主界面见图5.2.6。

技术标准分为公司级、厂级两级标准,公司级机型技术标准是各厂必须执行的标准。厂级技术标准可在公司级技术标准的基础上增加条款,细化、补充内容,以利于标准执行,达到更佳效果。公司级标准升级后,厂级标准中的公司级标准内容自动更新,厂级标准增加的内容不变。在设备故障编码子模块中,临时故障信息审核后进入正式故障编码库,形成公司"设备故障信息树",用来指导设备维修工作,建立了公司员工智慧和经验搜集、提炼、共享、再提高的长效机制,实现了由经验管理向科学管理的转变。

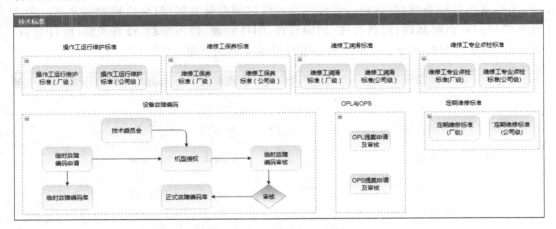

图 5.2.6　技术标准模块主界面

四、运行维护

EAM 系统运行维护模块的主界面如图 5.2.7 所示,主要包括运维计划、运维记录、异常管理、月报及指标等子模块。其中,运维计划和异常管理属于核心子模块,各卷烟厂的检维修管理体系都是基于此才得以运行。

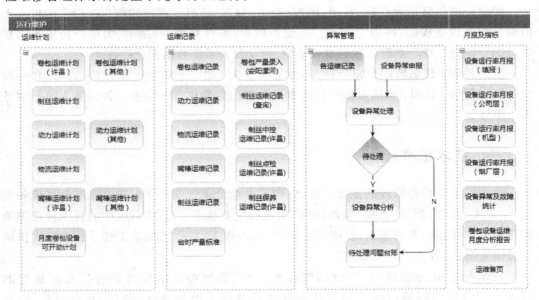

图 5.2.7　运行维护模块主界面

确定保养模式后,在运维计划子模板设置保养、点检标准,系统按照模板生成相应标准的记录。操作工在运维记录里填写异常现象,点检工在设备点检里填写异常现象,系统自动生成设备异常报告并提报给技术员和维修组长,由技术员和维修组长进行处理后生成异常处理分析,部分分析生成维修计划。

五、维修管理

EAM系统维修管理模块的主界面如图5.2.8所示。维修计划、轮保计划、定期维修标准是维修管理的重点子模块,根据系统运行数据(时间、产量、异常)、维修数据(维修次数、维修时间、维修方式、备件费用)的统计分析确定维修策略,更多地从被动管理(应急维修)到主动管理(预防性维修),体现了维修管理水平。

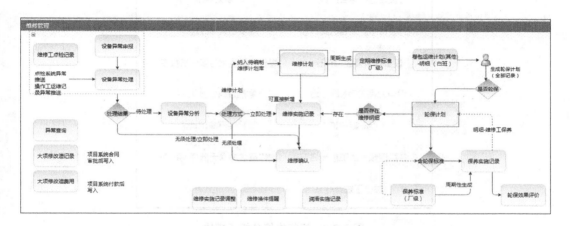

图5.2.8 维修管理模块主界面

维修工按照维修计划开展维修并填写维修工单,技术员或维修组长对维修工单进行验收,并依据维修设备的运行情况记录对维修效果进行评价。图5.2.9是运行维修分析子模块的内容。依托系统相关流程的运行,维修工作实现了事前有计划、事中有控制、事后有分析的全过程闭环管理。

六、费用管理

EAM系统费用管理模块的主界面如图5.2.10所示。在该模块可以下达公司年度费用预算,卷烟厂进行年度费用预算分解,以及跟踪各类费用统计数据及进度(车间、机台、人员、项目)。同时,可进行同机型各机台(部位)费用对比分析,单机台多年度对比,卷烟厂之间的同类数据对比等。

图 5.2.9   运行维修分析子模块

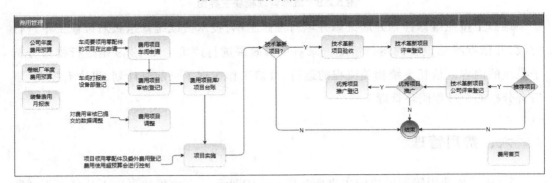

图 5.2.10   费用管理模块主界面

七、零配件管理

EAM 系统零配件管理模块的主界面如图 5.2.11 所示,该模块包括计划管理、采购管理、领用管理、结算付款、编码管理、统计分析等子模块。在该模块可以跟踪零配件备件库存指标完成情况,收发存月报及明细,招标询价数据,需求、订单、收发存、报废全过程数据,以及机台消耗明细、车间领用明细、余料库明细等数据。

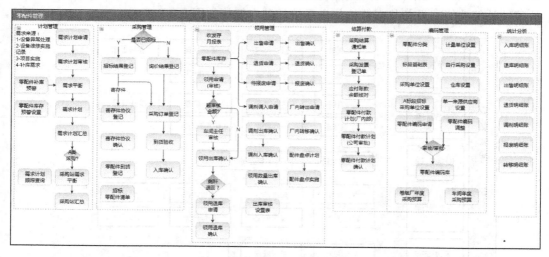

图 5.2.11　零配件管理模块主界面

第三节　设备状态监控信息系统

一、系统概况

EAM 系统具备开展传统设备点检管理的功能,但在引入设备状态检测诊断仪器,开展精密点检后,需要更为专业的信息化系统做支撑。为满足构建以设备三级点检为核心的设备状态监控管理体系的需求,河南中烟建设了设备状态监控信息系统,系统首页见图 5.3.1。

图 5.3.1　设备状态监控信息系统首页

该系统主要包括系统管理、基础管理、设备管理、点检管理、绩效管理、在线监测和数据分析等模块,通过系统可实现自动生成点检计划、点检路线,异常信息报警,漏检统计,故障统计等功能。设备状态监控信息系统的基本架构如图 5.3.2 所示。

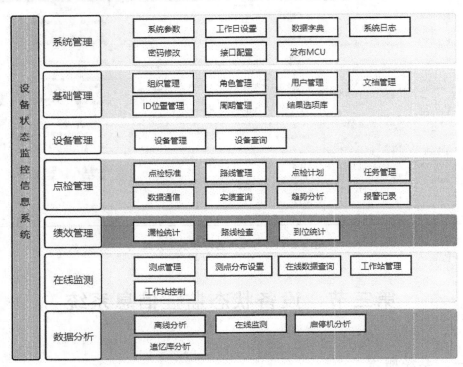

图 5.3.2   设备状态监控信息系统基本架构

该系统通过接口与 EAM 系统的维修管理等模块相互衔接,共同构成设备状态监控管理的完整闭环。各卷烟厂主要生产设备的全部精密点检均在设备状态监控信息系统中开展,使用设备状态检测仪器(工具)采集数据,应用系统功能进行数据分析、研判后,最终在 EAM 系统中开展维护维修。除动力车间的日常点检和专业点检因全部采用巡检仪实施,只能在设备状态监控信息系统中开展外,卷包车间、制丝车间、嘴棒车间和物流分中心的日常点检和专业点检均在 EAM 系统中开展,最终也在 EAM 系统中开展维护维修。设备状态监控管理主要流程如图 5.3.3 所示。

二、系统管理

系统管理模块对系统参数、系统日志、数据字典、工作日进行管理和设置,是系统运行的基础。

该模块包括系统参数、工作日设置、数据字典、系统日志、密码修改、接口配置和发布MCU 等子模块。系统参数是系统中使用到的一些配置参数,例如:系统日志的保留天数、数据分页时每页显示记录数等。工作日设置是系统实现任务的自动生成的基础,例如:部分计划要求工作日才生成任务。数据字典分为数据分类、分类项。系统日志实现用户操作记录的日志功能,主要记录系统用户对数据库的变更操作。密码修改实现用户登录密码和点检仪密码修改功能。

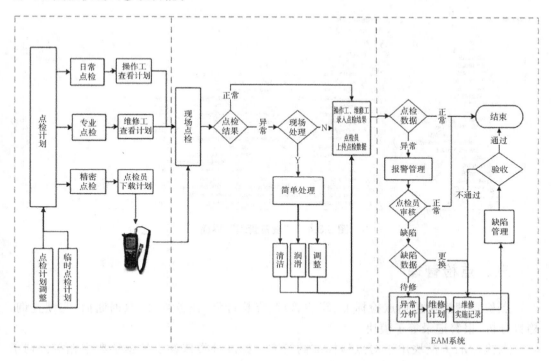

图 5.3.3　设备状态监控管理主要流程图

三、基础管理

基础管理模块对组织、角色等基础信息进行管理和设置。它实现了对信息平台权限的管理,是系统运行的基础,具体包括组织管理、角色管理、用户管理、文档管理、ID 位置管理、周期管理和结果选项库等子模块。

组织结构是系统根据用户实际的区域分布情况或者管理上的差异情况所进行的划分,有利于用户管理系统和分配权限。角色管理是实现系统权限的核心,包括角色信息、角色权限、角色数据范围的管理。用户管理除了对用户信息进行管理外,也是实现整个系统权限的核心,包括用户信息、用户角色、用户权限、用户数据范围的管理。文档管理实现文档的统一管理,提供文档的上传、下载以及在线浏览功能。ID 位置管理实现 ID 位置的管理,支持 ID 纽扣卡和射频卡。ID 位置为点检标准提供基础信息。周期管理是点检标准以及点检管理模块的基础。结果选项库实现观察类选项的结果管理。

四、设备管理

设备管理模块是点检实施的基础,具体包括设备管理和设备查询两个子模块。该模块中设置的设备、部位与 EAM 系统保持一致,并定期同步更新,确保从点检标准制定、异常信息分析到维修计划、维修实施在两个系统之间顺畅对接。图 5.3.4 为"设备管理"界面。

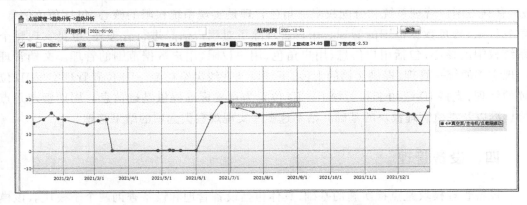

图 5.3.4　"设备管理"界面

五、点检管理

点检管理模块包括点检标准、路线管理、点检计划、任务管理、数据通信、实绩查询、趋势分析、报警记录等子模块。

点检标准子模块用于对点检标准的管理。标准分类依赖于数据字典中相应公司下的标准分类和分类项。实施方依赖于数据字典中相应公司下的实施方分类项。专业依赖于数据字典中公共的专业分类项。ID 位置依赖于 ID 位置管理。点检计划实现计划组态的管理,它的前提是完整的路线树,它是任务生成的基础。点检计划隶属于路线。点检计划信息依赖于数据字典中的对应分类和分类项。将点检标准与周期等组合形成点检计划,以便生成点检任务。数据通信实现点检数据通信,可下载并安装通信组件,安装 PDA 同步工具。实绩查询实现点检结果的查询功能。趋势分析实现点检结果趋势的查询功能,可以生成结果趋势图。报警记录实现点检结果报警记录的查询功能。图 5.3.5 为真空泵主电机负载端振动趋势图。

图 5.3.5　真空泵主电机负载端振动趋势图

六、绩效管理

绩效管理模块包括漏检统计、路线检查、到位统计等子模块。在漏检统计子模块中，选择单位、部门、起始时间，可以得到不同组织、专业、设备、路线的漏检统计数据，包括任务总数、漏检率、完成率、报警数等信息，可用于点检执行情况的对比分析和检查考核。图 5.3.6 为漏检统计截图。

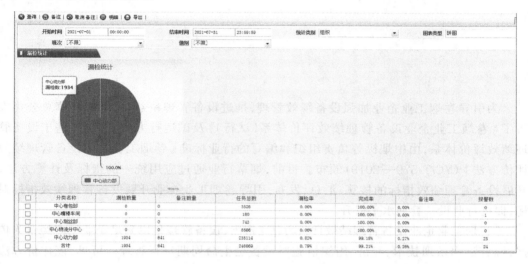

图 5.3.6　漏检统计截图

七、数据分析

数据分析模块主要包括离线分析、在线监测、启停机分析、追忆库分析等子模块。在离线分析子模块的设备树结构中选中设备，选择日期范围，即可产生不同的振动分析图片。图 5.3.7 为除尘系统主电机风叶端振动离线分析图。

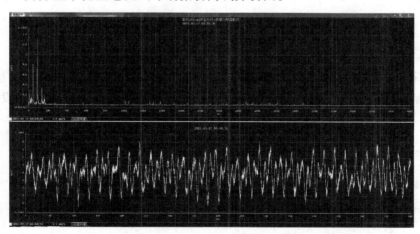

图 5.3.7　除尘系统主电机风叶端振动离线分析图

第六章　设备寿命周期管理评价

为引导卷烟工业企业加强设备绩效管理,推进设备管理精益化,中国烟草总公司发布了《卷烟工业企业设备管理绩效评价体系(试行)》及试运行方案。之后,基于设备管理绩效评价体系,由中烟机等负责组织和编写的行业标准《卷烟工业企业设备管理绩效评价方法》(YC/T 579—2019)颁布。目前,烟草行业通过应用统一的指标及计算方法,开展设备管理绩效指标的核算、汇总、发布,引导卷烟工业企业开展设备管理绩效指标对标,促进行业设备管理水平提升。

《卷烟工业企业设备管理绩效评价方法》指出,设备管理是以满足企业生产经营为依据,综合运用系列技术、经济、组织措施对设备全生命周期进行管理。可见,该评价方法适用于卷烟厂设备寿命管理绩效评价。

河南中烟和各卷烟厂根据行业要求、企业装备配置、生产工艺特点等情况,实施省级中烟公司(卷烟厂)内部对标和外部对标,开展设备寿命周期管理评价工作。外部对标,主要是依据行业年度卷烟工业企业设备绩效评价指标统计分析报告,对标先进企业,查找差距,改进提升;内部对标,主要是落实和分解河南中烟年度金叶制造绩效考核(设备管理部分)方案,对标先进车间(部门),查找短板,改进提升。

第一节　烟草行业设备绩效指标评价

烟草行业通过开展卷烟工业企业设备管理绩效评价,推动省级中烟公司(卷烟厂)对照标杆、寻找差距、弥补短板,开展自主比对、持续改进和循环提升,不断提升设备精益化管理水平。

一、行业设备管理绩效评价要求

(一)工作目标

以行业卷烟工业企业设备管理绩效评价体系为基础,以行业卷烟工业企业设备管理信息系统为支撑,在开放和共享系统内数据信息的基础上,各级卷烟工业企业从横向和纵向两个维度,以提高设备精益化管理水平为根本目标,以"自主比对—循环改进—持续提升"为主要方式,从中烟公司、卷烟厂到机型机台,从年度、月度到班次,多层级、多频度、多粒度地进一步细化和拓展绩效评价指标库,并制定本企业当期的自主比对绩效指标,从而更细致、更高效、更有针对性地开展设备管理对标工作。

(二)对标范围

设备管理绩效评价、比对的指标范围应以《卷烟工业企业设备管理绩效评价体系(试行)及试运行方案》和《卷烟工业企业设备管理绩效评价方法》为准。绩效指标的数据以行业设备管理信息系统内共享和发布的数据为准。

(三)工作原则

(1)自主性原则。各级企业应自主开展绩效指标比对工作,根据企业自身实际和工作需要,自主选定年度或阶段比对指标,并提出相应的改进方法和措施。工作开展中应加强行业间的相互学习和经验交流。

(2)循环性原则。企业应按照"对照标杆,查找差距,分析原因,持续改进,循环提升"的工作流程有序开展绩效指标比对工作,要形成从确定目标、提出措施、推动改进到成效总结的闭环管理。

(3)标准性原则。各项指标的定义、计算方法和统计口径应严格遵照《卷烟工业企业设备管理绩效评价体系(试行)及试运行方案》和《卷烟工业企业设备管理绩效评价方法》中的相关规定。

(4)共享性原则。总公司将以行业设备管理信息系统为平台支撑,逐步开放和共享数据与统计信息。各企业应坚持共建、共用、共享,充分利用系统内数据资源。

(四)主要措施

(1)行业定期发布绩效指标统计数据。行业将定期发布年度和半年度的《设备管理绩效评价统计分析报告》,涵盖七大类38项绩效指标。同时,每月发布七大类18项绩效指标的数据信息。企业根据总公司发布的指标和相关数据开展自主比对工作。总公司不定期更新绩效评价指标库。

(2)以企业为主体开展指标自主比对工作。各省级工业公司和卷烟厂应在行业发布的指标统计数据中,根据企业实际情况和设备特点,围绕当期重点工作和努力方向,针对管理短板和薄弱环节,自主选择相关绩效指标和统计信息,开展对标和改进工作。企业每年应选择2~3个指标,制定"自主比对改进提升工作方案",并进行阶段性的工作总结。可以在行业、中烟公司和卷烟厂之间进行横向比对,也可以在中烟公司、卷烟厂内进行纵向比对。指标应尽量细化,要综合考虑生产组织形式、设备的机型和役龄、产品工艺与规格以及原辅材料等的差异性的影响。

(3)充分利用行业设备管理信息系统。总公司将逐步、逐级向各省级工业公司开放系统内绩效指标数据的查询权限。各省级工业公司可查询到卷烟厂级月度、半年度或年度的行业最优值、平均值、中位数、最差值等数据信息。系统为企业提供"行业绩效指标总体""中烟绩效指标""卷烟厂绩效指标""中烟型号指标"和"卷烟厂型号指标"等统计信息。一些数据可以细分到设备单机型和车间单机台。

(4)定期上报指标比对工作开展情况。各省级工业公司应定期上报自主比对工作成效,每年 3 月份将当期绩效评价指标自主比对成果,下期拟自主比对、改进提升的指标及初步工作方案上报总公司。总公司将在行业内通报工作开展情况,并对各省级工业公司自主比对工作的开展情况进行检查,定期组织先进经验的交流学习和成果推广。

二、行业年度设备管理绩效评价

下面以 2020 年度为例,简要介绍烟草行业设备管理绩效评价情况。

依据《卷烟工业企业设备管理绩效评价方法》(YC/T 579—2019)的规定,选取 2020 年卷烟工业企业设备效能、设备运行状态、设备维持成本等指标进行分析可知,设备运行效率稳中有升,备件管理水平不断提高,对卷烟产品质量保障能力进一步加强,单位产量维持费用和单位产值维持费用略有增长。2020 年卷烟工业企业设备管理绩效指标如表6.1.1 所示。

表 6.1.1　2020 年卷烟工业企业设备管理绩效指标

类型	指标名称	指标分解	指标单位	2020 年	2019 年	同比增减	行业先进值	行业落后值
设备效能类	设备投入产出率		%	468.59	483.09	−14.5	826.16	224.45
	设备产能贡献率	烘丝机	%	25.95	29.27	−3.32	60.79	9.17
		卷接设备		46.6	48.44	−1.84	84.37	12.67
		包装设备		46.4	47.5	−1.1	70.71	50.19
		硬盒包装设备		50.19	52.39	−2.2	88.67	10
		软盒包装设备		30.1	31.89	−1.79	67.27	0.54
	设备时间利用率	卷接设备	%	38.95	40.95	−2	59.72	22.99
		包装设备		37.04	38.8	−1.76	56.18	25.49
		硬盒包装设备		42.56	44.89	−2.33	62.31	29.03
		软盒包装设备		25.81	27.18	−1.37	49.7	15.49

续表

类型	指标名称	指标分解	指标单位	2020 年	2019 年	同比增减	行业先进值	行业落后值
设备运行状态类	设备运行效率	卷接设备	%	94.57	93.74	0.83	103.36	79.19
		包装设备		89.91	89.71	0.20	99.69	55.96
		硬盒包装设备		89.63	89.58	0.05	101.86	51.14
		软盒包装设备		90.21	89.76	0.45	106.74	65.55
	台时产量	卷接设备	万支/时	44.77	44.66	0.11	71.69	29.62
		包装设备		46.03	45.74	0.29	71.31	31.56
		硬盒包装设备		45.61	45.32	0.29	52.02	37.08
		软盒包装设备		47.31	47.04	0.27	66.79	29.82
	设备故障停机率	烘（梗）丝机	%	0.07	0.07	0	0	0.52
	设备开动率	卷接设备	%	82.8	82.16	0.64	92.87	59.79
		包装设备		81.31	80.87	0.44	88.64	70.74
		硬盒包装设备		81.61	81.35	0.26	93.9	49.23
		软盒包装设备		80.3	79.42	0.88	93.88	41.57
设备维持成本类	单位产量设备维持费用	卷接设备	元/万支	4.37	4.27	0.1	0.63	17.9
		包装设备		5.16	4.83	0.33	0.08	8.92
		硬盒包装设备		5.18	4.97	0.21	0.18	12.29
		软盒包装设备		5.08	4.51	0.57	0.05	10.11

类型	指标名称	指标分解	指标单位	2020 年	2019 年	同比增减	行业先进值	行业落后值
设备维持成本类	单位产量日常维持费用	卷接设备	元/万支	3.37	3.63	−0.26	1.68	3.32
		包装设备		3.83	3.87	−0.04	1.65	3.6
		硬盒包装设备		3.87	3.93	−0.06	1.68	8.07
		软盒包装设备		3.72	3.81	−0.09	1.31	13.62
	单位产量备件消耗费用	卷接设备	元/万支	2.72	2.71	0.01	1.48	2.36
		包装设备		2.94	2.86	0.08	1.33	2.46
		硬盒包装设备		3.01	2.86	0.15	1.35	7.51
		软盒包装设备		2.72	3.02	−0.3	0.91	10.35
	单位产值设备维持费用		元/万元	48.43	48.18	0.25	0.64	5.46
	设备资产维持费用率		%	2.45	2.72	−0.27	1.11	5.84
	委外维修费用比率	卷接设备	%	37.69	36.39	1.3	0.96	100
		包装设备		42.92	40.74	2.18	0.15	100
		硬盒包装设备		35.86	34.68	1.18	0.17	100
		软盒包装设备		43.08	41.69	1.39	0.14	100
	备件资金占用率		%	1.34	1.52	−0.18	0.24	4.57
	备件资金周转率		%	96.94	98.13	−1.19	664.61	40.97
产品质量类	残次品率	卷接设备	%	0.7	0.56	0.14	0.01	1.26
		包装设备		0.27	0.29	−0.02	0.01	1.03
		硬盒包装设备		0.28	0.3	−0.02	0.01	1.02
		软盒包装设备		0.26	0.27	−0.01	0.02	1.01
	SD 班次平均值		毫克	17.88	18.46	−0.58	5.87	23.64

类型	指标名称	指标分解	指标单位	2020 年	2019 年	同比增减	行业先进值	行业落后值
产品质量类	SD 检验合格率		%	89.02	88.39	0.63	99.27	72.28
原料消耗类	烟叶单耗		千克/万支	6.91	6.87	0.04	5.17	8.47
	烟丝单耗		千克/万支	6.87	6.84	0.03	6.07	8.49
辅料损耗类	盘纸耗损率		%	0.56	0.54	0.02	0.01	2.51
	滤棒耗损率		%	0.54	0.44	0.1	0.01	2.49
	商标纸（小盒）耗损率		%	0.96	0.44	0.52	0.01	3.7
	条盒纸耗损率		%	0.8	0.44	0.36	0.01	4.04
设备新度类	设备役龄	卷接设备	年	12.66	11.77	0.89		
		包装设备		12.87	12.03	0.84		
		硬盒包装设备		12.03	10.45	1.58		
		软盒包装设备		14.86	12.65	2.21		
	新度系数	卷接设备		0.29	0.29			
		包装设备		0.28	0.29	−0.0 1		
		硬盒包装设备		0.29	0.27	0.02		
		软盒包装设备		0.26	0.25	0.01		

以上指标中,设备效能类指标适用于对设备前期管理阶段的设备投资计划等工作效果的评价,指导设备投资计划的方向、选型和规模;设备运行状态类、设备成本类、产品质量类、原料消耗类、辅料损耗类等指标适用于对设备运行维护阶段管理工作效果的评价,指导实现效率更高、成本更低的设备综合效能最大化;设备新度类指标则更多地应用于设备后期阶段,指导设备改造、处置和报废等工作。

（一）设备效能类指标分析

1.设备投入产出率

从行业近几年的统计数据看,卷烟工业企业固定资产投入创造的收益逐年提高。受新冠疫情影响,2020年卷烟工业企业设备投入产出率平均值为468.59%,较2019年减少14.50个百分点(见图6.1.1)。19家中烟公司中,设备投入产出率同比提高的有11家,降低的有8家(见图6.1.2)。

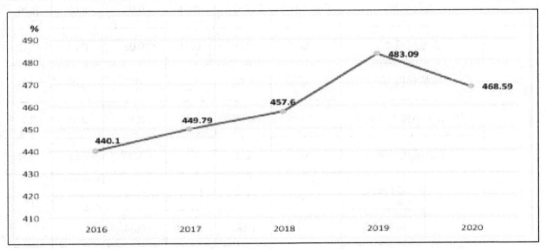

图 6.1.1 近年行业投入产出率情况

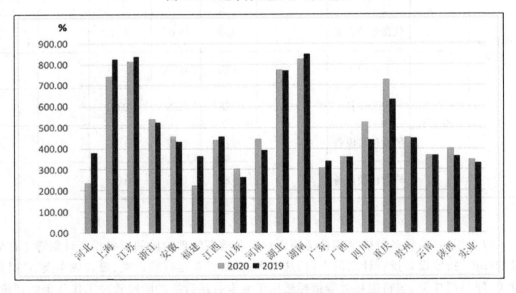

图 6.1.2 2019—2020年各中烟公司设备投入产出率情况

2.设备产能贡献率

从行业近几年的统计数据来看,产能结构性过剩问题日益显现,卷接包设备产能贡

献率总体呈逐年下降趋势，如图 6.1.3 所示

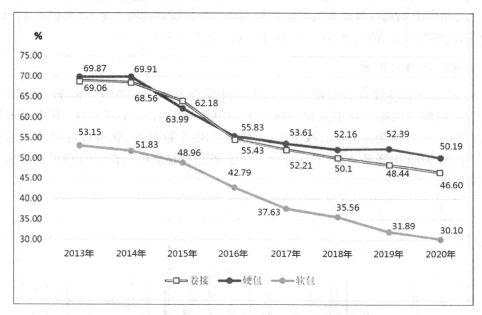

图 6.1.3　近年行业卷接包设备产能贡献率情况

2020 年行业卷接设备产能贡献率平均值为 46.60%，较 2019 年降低 1.84 个百分点；包装设备产能贡献率平均值为 46.40%，较 2019 年降低 1.1 个百分点，其中硬盒包装设备产能贡献率平均值为 50.19%，较 2019 年减少 2.20 个百分点，软盒包装设备产能贡献率平均值为 30.10%，较 2019 年降低 1.79 个百分点。19 家中烟公司卷接包设备产能贡献率情况如图 6.1.4 所示。

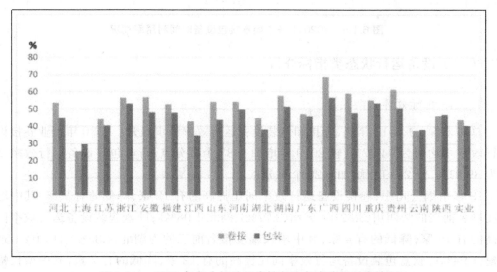

图 6.1.4　2020 年各中烟公司卷接包设备产能贡献率情况

19 家中烟公司中，卷接设备产能贡献率同比提高的有 6 家，降低的有 13 家，其中增长幅度排名前三位的为四川（3.82%）、贵州（1.99%）、山东（0.28%）；硬盒包装设备产能贡

献率同比提高的有 4 家,降低的有 15 家,其中增长幅度排名前三的为重庆(3.69%)、福建(2.15%)、四川(0.47%);软盒包装设备产能贡献率同比提高的有 6 家,降低的有 13 家,其中增长幅度排名前三的为上海(6.85%)、浙江(1.34%)、实业(1.05%)。

3.设备时间利用率

2020 年行业卷接设备时间利用率平均值为 38.95%,较 2019 年降低 2 个百分点;包装设备时间利用率平均值为 37.04%,较 2019 年降低 1.76 个百分点,其中硬包设备时间利用率平均值为 42.56%,较 2019 年降低 2.33 个百分点,软包设备时间利用率为25.81%,较 2019 年降低 1.37 个百分点。各中烟公司卷接包设备时间利用率情况如图6.1.5 所示。

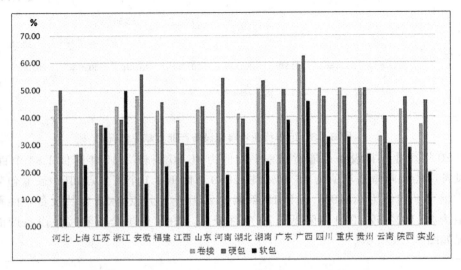

图 6.1.5　2020 年各中烟卷接包设备时间利用率情况

(二)设备运行状态类指标分析

1.设备运行效率

总体来看,自 2013 年起,卷接和包装设备运行效率稳步提升。2020 年行业卷接设备运行效率平均值为 94.57%,较 2019 年增加 0.83 个百分点;行业包装设备运行效率平均值为 89.91%,较 2019 年增加 0.20 个百分点。

19 家中烟公司中,卷接设备运行效率同比提高的有 12 家,降低的有 7 家,其中增长幅度排名前三的为四川(3.82%)、云南(2.77%)、湖北 1.98%);硬盒包装设备运行效率同比提高的有 15 家,降低的有 4 家,其中增长幅度排名前三的为湖北(4.85%)、江西(2.55%)、福建(1.94%);软盒包装设备运行效率同比提高的有 12 家,降低的有 7 家,其中增长幅度排名前三的为广东(4.40%)、湖南(3.06%)、安徽(2.55%)。各中烟公司卷接包设备运行效率如图 6.1.6 所示。

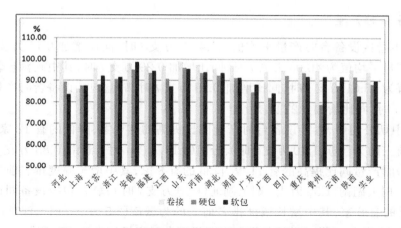

图 6.1.6　2020 年各中烟公司卷接包设备运行效率情况

　　92 家卷烟厂中,卷接设备运行效率高于行业设备管理精益化目标值(≥93%)的有 74 家,达标率为 80.43%;硬盒包装设备运行效率高于行业设备管理精益化目标值(≥86%)的有 78 家,达标率为 84.78%;软盒包装设备运行效率高于行业设备管理精益化目标值(≥85%)的有 65 家,达标率为 70.65%。卷接包设备主要机型运行效率如表 6.1.2 所示。

表 6.1.2　卷接包设备主要机型运行效率

设备类别	国产 / 进口	主要机型	运行效率平均值 /(%)		
			本期	同比增减	行业先进值(卷烟厂)
卷接设备	国产	ZJ119	99.93	–	99.93
		ZJ17	96.61	0.41	100.91
		ZJ118	96.21	2.67	98.24
		ZJ116	90.34	0.71	99.84
		ZJ112	89.71	0.62	100.2
	进口	PROTOS70	98.25	4.5	100.27
		PROTOS-M5	94.58	0.99	99.87
硬包设备	国产	ZB416	95.9	–	95.9
		ZB45B	94.54	4.39	99.38
		ZB47	90.06	0.48	99.69
		ZB48	90.05	0.29	99.65
		ZB45	88.54	-0.99	100.67
	进口	FOCKE350S	90.49	-0.17	99.68
软包设备	国产	ZB28	96.57	4.99	97.2
		ZB25	88.71	-0.39	99.69
	进口	GDX1	90.72	1.38	98.07

2.设备台时产量

2020 年卷接设备台时产量平均值为 44.77 万支／时,同比增加 0.11 万支／时;包装设备台时产量平均值为 46.03 万支／时,同比增加 0.29 万支／时,其中硬盒包装设备台时产量平均值为 45.61 万支／时,同比增加 0.29 万支／时,软盒包装设备台时产量平均值为 47.31 万支／时,同比增加 0.27 万支／时。

19 家中烟公司中,卷接设备台时产量同比提高的有 7 家,降低的有 12 家,其中增长幅度排名前三的为江苏(1.40 万支／时)、云南(1.11 万支／时)、湖南(0.83 万支／时);硬盒包装设备台时产量同比提高的有 11 家,降低的有 8 家,其中增长幅度排名前三的为江苏(1.71 万支／时)、湖南(1.36 万支／时)、湖北(1.20 万支／时);软盒包装设备同比提高的有 13 家,降低的有 6 家,其中增长幅度排名前三的为云南(2.5 万支／时)、江苏(2.34 万支／时)、广东(1.22 万支／时)。卷接包设备主要机型台时产量如表 6.1.3 所示。

表 6.1.3　卷接包设备主要机型台时产量

设备类别	国产／进口	主要机型	台时产量／（万支／时）	
			本期	行业先进值（卷烟厂）
卷接设备	国产	ZJ116	75.29	82.24
		ZJ112	52.21	58.86
		ZJ119	44.67	44.67
		ZJ118	41.33	46.78
		ZJ17	39.25	42.43
	进口	PROTOS-M5	68.39	75.75
		PROTOS70	38.86	45
硬包设备	国产	ZB48	72.98	80.28
		ZB47	57.01	62.02
		ZB416	45.58	45.58
		ZB45	41.16	45.82
		ZB45B	36.26	46.08
	进口	FOCKE350S	40.86	44.13
软包设备	国产	ZB28	65.94	68.01
		ZB25	42	44.57
	进口	GDX1	42.14	46.48

3.制丝设备烘（梗）丝机故障停机率

从近几年的统计数据看，制丝设备烘（梗）丝机故障停机率逐渐降低，设备运行稳定，有效保障了生产任务的完成。2020 年行业制丝设备烘（梗）丝机故障停机率平均值为 0.07%，与 2019 年持平。近年行业制丝设备烘（梗）丝机故障停机率情况如图 6.1.7 所示。

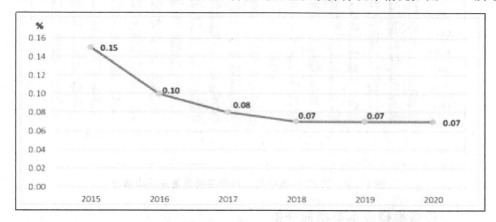

图 6.1.7　近年行业制丝设备烘（梗）丝机故障停机率情况

19 家中烟公司中，制丝设备烘（梗）丝机故障停机率同比提高的有 11 家，持平的有 1 家，降低的有 7 家。各中烟公司制丝设备烘（梗）丝机故障停机率情况如图 6.1.8 所示。

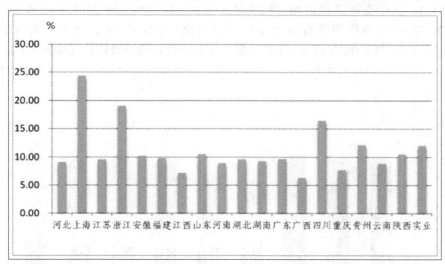

图 6.1.8　2020 年各中烟烘（梗）丝机故障停机率情况

4.设备开动率

2020 年行业卷接设备开动率平均值为 82.8%，较 2019 年提高 0.64 个百分点；包装设备开动率为 81.31%，较 2019 年提高 0.44 个百分点，其中硬包设备开动率为 81.61%，较 2019 年提高 0.26 个百分点，软包设备开动率为 80.3%，较 2019 年提高 0.88 个百分点。19 家中烟公司设备开动率情况如图 6.1.9 所示。

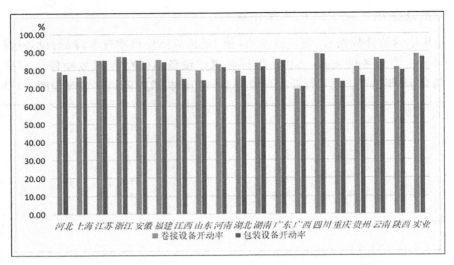

图 6.1.9　2020 年各中烟公司卷接包设备开动率情况

（三）设备维持成本类指标分析

因细支烟、短支烟、中支烟等新品类卷烟需求大幅增加,卷烟工业企业设备大修、改造项目较多,2020 年行业设备维持费用共计 49.19 亿元,较 2019 年增加 2.48 亿元,同比增加 5.31%。其中委外维修费用 23.24 亿元(占比 47.25%),较 2019 年增加 2.24 亿元,同比增加 10.67%;备件消耗费用 25.95 亿元(占比 52.75%),较 2019 年增加 0.24 亿元,同比增加 0.93%。自 2012 年以来,行业卷烟工业企业设备维持费用情况如图 6.1.10 所示。

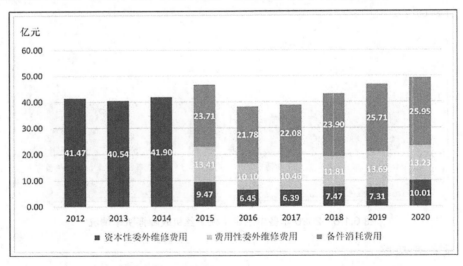

图 6.1.10　近年行业设备维持费用分类情况（2012—2014 年只统计总值）

1.单位产量设备维持费用

2020 年行业单位产量设备维持费用平均值为 20.67 元 / 万支,较 2019 年增加 0.71 元 / 万支,同比增加 3.56%,如图 6.1.11 所示。

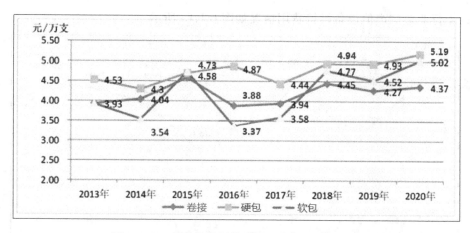

图6.1.11　近年行业单位产量设备维持费用情况

92家卷烟厂中,单位产量设备维持费用低于行业设备管理精益化目标值(≤16.0元/万支)的有69家,达标率为75%。卷接设备单位产量维持费用平均值为4.37元/万支,较2019年增加0.10元/万支,同比增加2.34%;包装设备单位产量维持费用平均值为5.16元/万支,较2019年增加0.33元/万支,同比增加6.83%,其中硬盒包装设备平均值为5.18元/万支,软盒包装设备平均值为5.08元/万支。19家中烟公司中,单位产量设备维持费用同比提高的有11家,降低的有8家,如图6.1.12所示。

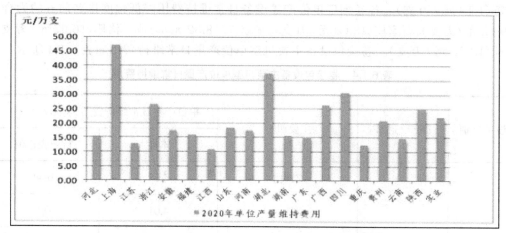

图6.1.12　2020年各中烟公司单位产量设备维持费用情况

与2019年相比,2020年各中烟公司单位产量设备维持费用降低幅度排名前三的为安徽(7.82元/万支)、贵州(3.37元/万支)、湖南(2.51元/万支)。各卷烟厂单位产量设备维持费用降低幅度排名前五的为石家庄(22.04元/万支)、蒙昆(20.48元/万支)、合肥(19.46元/万支)、张家口(19.16元/万支)、深圳(16.80元/万支)。

2.单位产值设备维持费用

2020年单位产值设备维持费用平均值为48.43元/万元,较2019年增加了0.25元

/万元。

近年行业单位产值设备维持费用情况如图6.1.13所示。

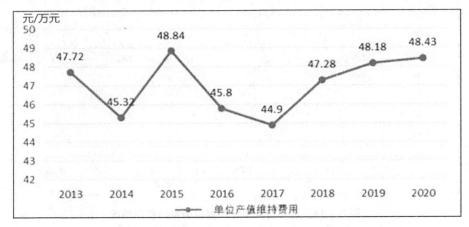

图6.1.13 近年行业单位产值设备维持费用情况

3.单位产量日常维持费用

2020年单位产量日常维持费用为16.47元/万支,较2019年降低0.37元/万支,同比降低2.20%。19家中烟公司中,单位产量日常维持费用同比提高的有8家,降低的有11家,其中降低幅度排名前三的为安徽(7.59元/万支)、江西(1.91元/万支)、江苏(1.13元/万支)。各卷烟厂单位产量设备日常维持费用降低幅度排名前五的为合肥(19.62元/万支)、石家庄(18.68元/万支)、张家口(18.32元/万支)、洛阳(16.87元/万支)、青州(13.31元/万支)。卷接包设备主要机型单位产量日常维持费用如表6.1.4所示。

表6.1.4 卷接包设备主要机型单位产量日常维持费用

设备类别	国产/进口	主要机型	单位产量日常维持费用/（元/万支）	
			本期	行业先进值
卷接设备	国产	ZJ112	4.02	0.44
		ZJ118	4.01	0.1
		ZJ116	3.54	0.63
		ZJ119	3.37	3.37
		ZJ17	3.16	0.58
	进口	PROTOS-M5	3.95	0.33
		PROTOS70	3.39	0.25

续表

设备类别	国产/进口	主要机型	单位产量日常维持费用/（元/万支）	
			本期	行业先进值
硬包设备	国产	ZB48	4.96	1.42
		ZB47	4.61	0.25
		ZB45B	4.34	0.38
		ZB45	3.23	0.15
		ZB416	0.8	0.8
	进口	FOCKE350S	3.35	1.52
软包设备	国产	ZB28	5.09	2.5
		ZB25	3.39	0.08
	进口	GDX1	2.91	0.43

4.单位产量备件消耗费用

2020年单位产量备件消耗费用为10.98元/万支,较2019年降低0.01元/万支,同比减少0.06%。各中烟公司单位产量备件消耗费用情况如图6.1.14所示。

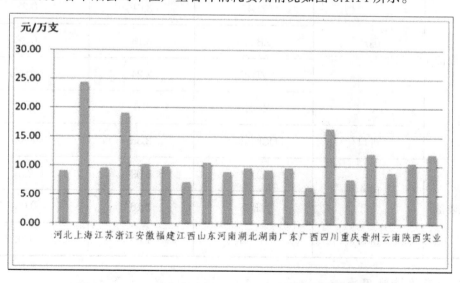

图 6.1.14　2020 年各中烟公司单位产量备件消耗费用情况

19 家中烟公司中,单位产量备件消耗费用同比提高的有 11 家,降低的有 8 家,其中降低幅度排名前三的为四川(2.95元/万支)、广西(2.54元/万支)、浙江(0.56元/万支)。各卷烟厂单位产量备件消耗费用降低幅度排名前五的为张家口(18.64元/万支)、石家庄(17.46元/万支)、蒙昆(11.29元/万支)、海红(6.78元/万支)、保定(4.93元/万支)。卷接包设备主要机型单位产量备件消耗费用如表6.1.5所示。

表 6.1.5　卷接包设备主要机型单位产量备件消耗费用

设备类别	国产/进口	主要机型	单位产量备件消耗费用/(元/万支)	
			本期	行业先进值(卷烟厂)
卷接设备	国产	ZJ112	3.33	0.18
		ZJ116	3.33	0.38
		ZJ118	2.57	0.1
		ZJ17	2.48	0.26
		ZJ119	0.44	0.44
	进口	PROTOSM5	3.63	0.33
		PROTOS70	2.77	0.24
硬包设备	国产	ZB48	4.45	1.42
		ZB47	3.61	0.25
		ZB45B	3.13	0.38
		ZB45	2.24	0.08
		ZB416	0.8	0.8
	进口	FOCKE350S	2.35	1.52
软包设备	国产	ZB28	5.09	2.5
		ZB25	2.16	0.08
	进口	GDX1	1.69	0.38

5.资产维持费用率

2020年行业设备资产维持费用率平均值为2.45%,较2019年降低0.27个百分点。

近年行业设备资产维持费用情况如图 6.1.15 所示。

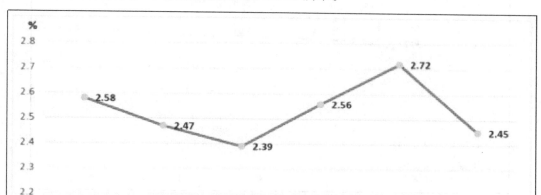

图 6.1.15　近年行业设备资产维持费用情况

19 家中烟公司中,资产维持费用率同比提高的有 9 家,降低的有 10 家,其中降低幅度排名前三的为河北(3.24%)、安徽(1.26%)、湖南(0.65%)。

2019—2020 年各中烟公司资产维持费用率情况如图 6.1.16 所示。

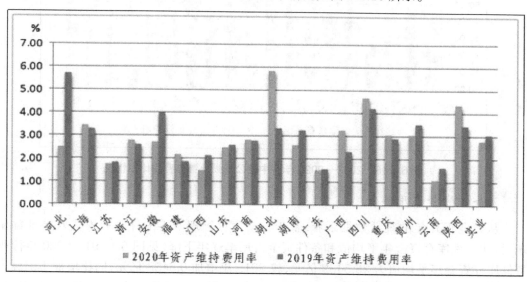

图 6.1.16　2019—2020 年各中烟公司资产维持费用率情况

6.委外维修费用比率

从行业近几年的统计数据来看,委外维修费用比率一直在 50% 以下,由于近年设备大修、改造项目较多,委外维修费用比率呈逐年小幅上升趋势(见图 6.1.17)。2020 年行业委外维修费用比率平均值为 46.88%,较 2019 年增加 1.92 个百分点,其中卷接设备委外维修费用比率平均值为 37.69%,包装设备委外维修费用比率平均值为 42.92%。19 家中烟公司中,设备委外维修费用比率同比提高的有 7 家,降低的有 12 家(见图 6.1.18)。

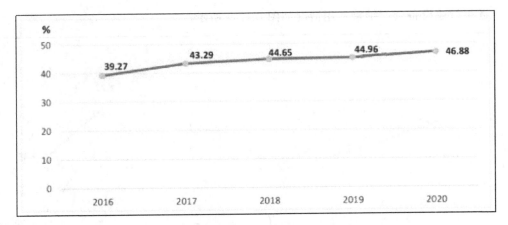

图 6.1.17   近年行业委外维修费用比率情况

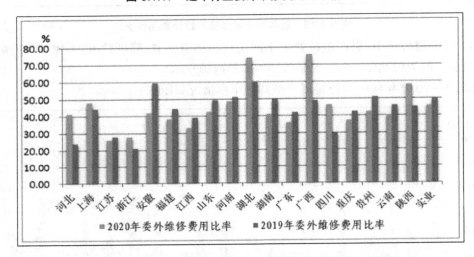

图 6.1.18   2019—2020 年各中烟公司委外维修费用比率情况

7.备件资金占用率

从行业近几年的统计数据来看,基于安全库存管理等零配件管理模式效果日益显现,行业备件库存资金年平均值和备件资金占用率逐年下降(见图 6.1.19)。2020 年行业备件库存资金年平均值为 26.5432 亿元,较 2019 年增加 0.3458 亿元,同比增加 1.31%。行业备件资金占用率平均值为 1.34%,较 2019 年降低 0.18 个百分点。19 家中烟公司中,备件资金占用率同比提高的有 4 家,降低的有 15 家。

8.备件资金周转率

从行业近几年的统计数据来看,备件精益化管理作用明显,行业备件资金周转率维持在较高水平(见图 6.1.20)。2020 年行业备件资金周转率平均值为 96.94%,较 2019 年降低 1.19 个百分点。19 家中烟公司中,备件资金周转率同比提高的有 14 家,降低的有 5 家(见图 6.1.21)。

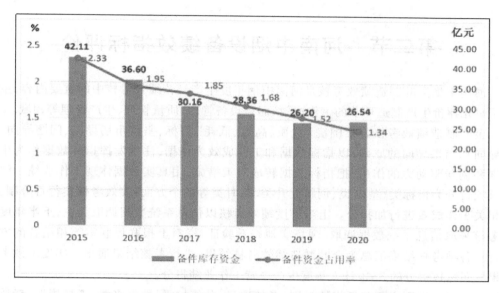

图 6.1.19 近年行业备件库存资金和备件资金占用率情况

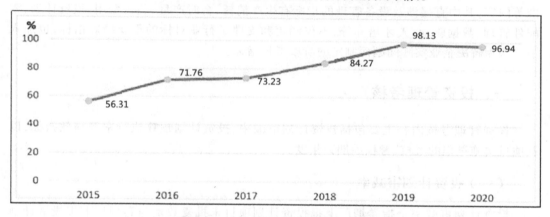

图 6.1.20 近年行业备件资金周转率情况

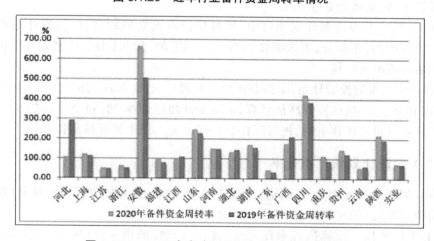

图 6.1.21 2020 年各中烟公司备件资金周转率情况

第二节　河南中烟设备绩效指标评价

河南中烟金叶制造绩效考核是河南中烟年度生产经营绩效考核中的重要内容,主要用于量化评价生产制造环节的工作成效,涵盖设备管理、质量管理、生产管理等领域。

金叶制造绩效考核方案围绕"优质、高效、低耗"目标,坚持市场导向、问题导向、目标导向和结果导向的原则,以指标数据和工作成效为依据,注重发挥指标数据作为生产要素和创新驱动力的作用,把指标数据转成对策措施,用真实数据体现工作业绩。绩效考核项目分为指标类、基础类、创新提升类、临时类等四个方面;绩效考核实行百分制,依据相关工作成效进行加扣分。上半年度绩效考核以信息系统数据调取为主,下半年度绩效考核采取信息系统数据调取、现场实地查看验证、资料上报联评联审等相结合的方式进行。各项考核结果汇总为金叶制造绩效考核结果,进行考核结果通报。年度绩效考核结果按照考核得分的 35% 计入年度生产经营工作业绩得分。

绩效考核细则主要包括指标类别、考核项目、分值权重、数据来源、考核周期、考核标准等内容,其中直接涉及设备管理的指标有生产消耗、台时产量、装备费用、投资计划、零配件管理、数据驱动、人才培养等,不仅涵盖和支撑了行业对标的重要绩效指标,也加入了一些为解决企业实际问题而制定的阶段考核指标。

一、投资管理考核

投资管理考核内容主要包括投资计划审减率、投资计划预算执行率等绩效指标,以及项目实施过程的考核,考核周期为年度。

（一）投资计划审减率

投资计划审减率是指卷烟厂上报投资计划项目未批复数量与卷烟厂上报投资计划项目数量的比例,基础分 2 分。

(1)在卷烟厂上报投资计划项目中,属各单位审批立项的项目,投资计划审减率在 20%(不含)以内的,不扣分;审减率在 20%(含)以上的,扣 0.1 分。公司安排或由公司审核入库的项目不纳入考核。

(2)各单位上报的投资计划,未按制度要求经过厂长(总经理)办公会或三项工作会研究的,每次扣 0.2 分;项目投资高估冒算,审减金额超过 20% 的,每个项目扣 0.1 分;未按制度要求开展项目入库评审的,视情况扣 0.1~0.2 分。以上累计最高扣 2 分。

（二）投资计划预算执行率

投资计划预算执行率是指实际完成投资计划总额与计划完成投资预算额(投资计划不含费用项目计划)的比例,指标基础分 5 分。

(1)上半年考核。预算执行率在 85%(含)~120% 的得 4 分;从 85% 起每下降 2 个百分点(含)及以内扣 0.1 分,最高扣 2 分;从 120% 起每上升 1 个百分点(含)及以内扣 0.1 分,最高扣 2 分。

(2)年度考核。①总体预算执行情况:预算执行率高于 100% 的,超过 10% 以内扣 1 分,超过 10%(含)扣 2 分,预算执行率在 90%(含)至 100% 的不扣分,从 90% 起每下降 2 个百分点(含)及以内扣 0.1 分,最高扣 2 分。②分类预算执行情况:分别对行业负面清单项目、行业负面清单外项目管理类项目与行业负面清单外非项目管理类项目预算执行情况进行考核,项目预算执行率(每类)低于 80% 的,从 80% 起每下降 2 个百分点(含)及以内扣 0.1 分,每类项目最高扣 1 分。以上累计最高扣 5 分。

备注:①在特殊情况下,经公司审核同意,单位间预算在公司预算总额内调整,调增预算的卷烟厂超年度预算部分不进行考核。②年度考核投资预算允许半年度调整 1 次。

(三)项目实施过程考核

1.进度管控

负面清单工程建设项目按单项考核,负面清单工程建设项目以外的项目按照投资完成率整体考核,基础分 3 分。

负面清单工程建设项目:各单位上报及公司审定的各项目里程碑及关键节点计划应按时完成。行业负面清单项目年度目标未完成的,视情况每项目扣 0.1~0.5 分,年度目标完成时间早于初步设计进度计划的,视情况每项目加 0.1~0.5 分;公司负面清单项目年度目标未完成的,视情况每项目扣 0.05~0.2 分,年度目标完成时间早于立项进度计划的,视情况每项目加 0.05~0.2 分。

负面清单以外项目(扣除行业及公司负面清单工程建设项目以外的所有投资计划、费用计划批复项目):①投资结转项目完成率以 80% 为基准,每提高 2 个百分点加 0.1 分,最高加 0.3 分;每降低 2 个百分点扣 0.1 分,最高扣 0.3 分。②当年新增投资项目完成率以 45% 为基准,每提高 2 个百分点加 0.1 分,最高加 0.3 分;每降低 2 个百分点扣 0.1 分,最高扣 0.3 分。③自投资计划下达之日起 2 年内未完成验收的项目(不含负面清单内信息化建设项目),视情况每项目扣 0.1~0.2 分,最高扣 0.5 分。以上累计最高扣 3 分,最高加 1 分。

备注:①负面清单工程建设项目进度因非实施单位原因滞后的,允许进行半年度调整,但需经公司审定;属实施单位自身原因致使进度滞后并申请半年度计划调整的,按照年度计划考核标准的一半,先考核后调整。②项目完成是指已完成验收并在项目管理系统完成验收录入的项目。

2.过程管理

①规范管理。发现项目存在不符合国家、行业及公司项目建设管理要求的,视整体情况扣 0.1~0.5 分。

②档案管理。抽查考核期内实施的项目,项目档案存在记录、签字、纪要不规范、不完整,过程资料管理混乱,关键资料缺失,未按照一项一卷要求整理档案的,视情况扣

0.1~0.3分。

③数据管理。项目管理系统、行业投资系统、行业烟机设备等相关系统项目信息录入不及时、不准确的,视情况扣0.1~0.3分。

④关键环节及履约管理。未按照公司工程建设项目关键环节审查指南(暂行)执行,或项目合同履行不到位,视情况扣0.1~0.5分。

⑤质量、安全管理。投资项目出现质量、安全事故的,按照公司项目考评管理办法对应考评扣分×0.1进行扣分。

⑥专项检查。行业专项检查正式反馈的项目问题,每个项目扣0.3分;公司工程建设项目"双随机—公开"检查及项目考评,按照各单位检查考评得分进行折算,扣被检查单位(100-检查得分)×0.1分。以上累计最高扣5分。

二、运行状态考核

台时产量是指设备单位生产时间的实际产量。运行状态考核选取卷接机组和包装机组台时产量作为考核卷烟厂的关键绩效指标,考核数据主要来自EAM系统和现场抽查,考核分为基础达标和提速提效,每半年进行一次。

(一)基础达标

按照不同机型、不同生产规格规定了计分明细,包括:

(1)ZB45常规(含八角)机型,基础分3分。各卷烟厂机型台时产量与年度指标相比,每下降0.1箱/小时扣0.3分。各卷烟厂与自身上两年完成值的平均数相比,下降超过2个百分点的,每个机型扣0.1分。最高扣3分。

(2)ZB25常规机型、ZB45细支、ZB45中支、ZB25短支、ZB47、ZB48、FX2机型,基础分1分。各卷烟厂机型台时产量与年度指标相比,每个机型每下降5个百分点扣0.1分。各卷烟厂与自身上两年完成值的平均数相比,下降超过2个百分点的,每个机型扣0.1分。最高扣1分。

备注:①台时产量计算不再扣除轮保、月保、周保记录,特殊牌号除外。延长制度时间需报备,抽查发现制度时间与实际时间不一致的,按实际时间算。

②ZJ17-ZB45、ZJ19/ZJ118-ZB45分别设定年度指标,并按照各厂ZJ17与ZJ19/ZJ118产量占比计算扣分。

(二)提速提效

(1)ZB45常规机型台时产量。各卷烟厂机型台时产量与年度目标相比,每上升0.1箱/小时加0.15分,最高加0.9分。各卷烟厂与自身上两年完成值的平均数相比,提升超过0.1箱/小时的,每个机型加0.1分。

(2)ZB25常规机型,ZB45细支、ZB45中支、ZB25短支、ZB47、ZB48、FX2机型台时产量。各卷烟厂与自身上两年完成值的平均数相比,提升超过0.1箱/小时的,每个机型加0.1分。以上最高加1分。

备注：ZB45 常规机型含八角设备，ZJ17–ZB45、ZJ19/ZJ118–ZB45 分别设定年度指标，并按照各厂 ZJ17 与 ZJ19/ZJ118 产量占比计算加分。

三、装备费用考核

装备费用是指设备及设施维护中发生的零配件费用和委外费用，包含设备运行费、科研类设备费、设备大修项修改造费和基建零星维修费。装备费用考核指标包括单箱维修费、设备项修费与基建项修费等，数据来源为 EAM 及财务系统、现场检查，考核周期为年度。

单箱维修费是指卷烟厂生产设备维护保养过程中发生的零配件消耗费用和设备委外维修费用的总和除以计划产量，费用不含机物料费、设备零星维修费、特种设备维保费、计量检定费、设备大修项修改造费、基建零星维修费和科研类设备费。机物料费是指卷烟厂生产设备维护保养过程中发生的物料消耗费用。设备零星维修费是指设备临时搬运、吊装费用以及非生产性设备的维护维修费等。特种设备维保费是指委托具有资质的单位对特种设备进行维护保养所产生的费用。计量检定费是指用于卷烟厂计量仪器、仪表检定而发生的委外费用。设备大修项修改造费是指卷烟厂设备大修、项修项目费用和设备改造项目费用。基建零星维修费是指纳入企业国有资产范围的房屋建筑物、构筑物、道路及与之紧密配套的基础水电等相关基础设施的维修、维护费用（不含列入年度投资计划的大型基建维修项目费用）。科研类设备费是指列入财务研发科目的设备零配件费用，包括 QC 课题费、六西格玛项目费、日常研发费、项目研发费等。

（1）单箱维修费管理，基础分 2 分。单箱维修费低于年度目标值的，不扣分；超出年度目标值的，扣 2 分。除单箱维修费外，其他费用（含非烟用物资费用）超出预算总额的，扣 1 分；预算执行率低于 90% 的，扣 0.2 分。该项累计最高扣 2 分。

（2）设备项修费与基建项修费管理，基础分 1 分。与公司下达的设备项修费与基建项修费额度相比（以财务实际入账发票为准，不以实际付款额度考核，设备项修费与基建项修费分别计算），年度实际完成比例低于 90%（不含）的，每低 3 个百分点及以内扣 0.1 分，每项最高扣 0.5 分；任一项超过公司下达指标 10% 以内的，扣 0.2 分；任一项超过 10% 以上的，扣 0.5 分。

四、零配件管理考核

零配件管理考核包括零配件采购管理考核及仓储管理考核两方面的内容。

（一）零配件采购

（1）采购规范性。在行业及公司采购规范检查、生产管理部日常抽查中，发现招标采购、订单合同管理等方面存在不合规问题，视问题严重程度，每项扣 0.1～0.5 分。

（2）采购有效性。卷烟厂应对订单有效性进行定期核查，对淘汰、改造后不再使用的零配件的有效订单及时进行终止，避免造成入库即待报废的现象，每发现 1 项该类订单扣

0.1 分。

(3)采购效率。发生零配件供应不及时并影响设备运行 1 天以上的,经公司认定为采购站责任,视情况扣采购站所在卷烟厂 0.1 分,年度未发生以上情况的采购站所在卷烟厂加 0.2 分,此项按站统计。

(4)采购执行比例。在招标周期内累计,以供应商评价结果调整后的合同比例为基准,中标供应商数量 4 家及以下的标段中存在供应商实际执行比例偏差 8% 以上的,或中标供应商数量 4 家以上的标段中存在供应商实际执行比例偏差 5% 以上的,每标段扣 0.1 分,且每超过 1 个百分点额外扣 0.02 分。

该项基础分为 2 分,累计最高扣 2 分。

(二)零配件仓储

零配件仓储管理考核内容包括零配件库存定额、沉淀率等指标完成情况及零配件仓储现场检查等。

(1)零配件沉淀率以 EAM 系统数据统计为准,对上年度采购入库未领用零配件的沉淀情况进行考核,零配件沉淀率(%)= 采购入库未领用金额(统计口径为截止统计日期)/采购入库总金额。各卷烟厂零配件实际库存金额超出库存定额指标的,扣 2 分。沉淀率高于 10% 的,每增加 1 个百分点扣 0.1 分,最高扣 1 分。

(2)对各卷烟厂整体零配件中的沉积冷件年度变化情况进行考核。沉积冷件总金额与同期比较,每增加 1 个百分点,扣 0.1 分,最高扣 0.4 分。可以调剂其他厂冷件(单价5000 元以上的)仍采购的,每出现 5000 元对需求卷烟厂扣 0.05 分,最高扣 0.6 分。对沉积冷件形成原因积极开展分析并消化的,每降低 1 个百分点加 0.1 分,最多加 0.2 分。该项最高扣 1 分。

(3)对各卷烟厂零配件仓库进行现场检查考核。①发现 EAM 系统数据与零配件仓库中零配件名称、图号(规格型号)、数量、货位号未保持一致的,未做好零配件防锈、防潮、防尘等工作的,每个品种扣 0.05 分,最高扣 0.4 分。②发现零配件到货 1 周以上且无特殊原因未办理入库手续的,一次扣 0.05 分,最高扣 0.6 分。该项最高扣 1 分。

五、设备处置考核

资产信息维护不到位或存在账实不符的,费用项目未及时关联设备或出现数据质量问题的,视情况扣 0.1~0.3 分;封存及闲置设备防护管理措施不到位,影响设备性能的,扣 0.1~0.3 分;设备调剂过程中,造成设备缺件、损坏或调剂逾期的,每次扣责任方 0.1分。该项基础分 4 分,扣完为止。

六、数据管理考核

数据管理考核内容主要包括数据质量、数据分析、结果应用等三方面。

（一）数据质量

对各卷烟厂是否严格执行公司、厂级生产制造信息化系统管理及考核规定，采取有效管控手段来确保数据"四性"（及时性、完整性、真实性、规范性）要求进行检查，发现数据质量不符合"四性"要求且卷烟厂未进行有效处理的，视情况每项次扣 0.1 ~ 0.2 分。累计最高扣 3 分。

（二）数据分析

对各卷烟厂是否依托 EAM 等信息化系统，借助数据开展立足于运用的月度分析工作，及时发现异常、解决问题，促进管理改进提升情况进行检查。发现月度分析中未针对异常数据问题、需要改进提升的工作进行查摆分析，制定的措施不具体或实际改进效果不佳的，视情况每项次扣 0.1 ~ 0.3 分。基础分 3 分，扣完为止。

积极创新方式方法，构建优化数据分析模型，有效支撑管理改进提升且具有较高推广价值的，经公司主管部门认定，视情况加 0.1 ~ 0.3 分。

（三）结果应用

按照数字化转型的部署要求，建立健全与数字化转型相适应的结果应用检查考核机制，加强数据应用过程监管，丰富应用场景，强化考核推动。在数据分析结果应用上，形成好的机制办法且具有复制推广价值的，经公司主管部门认定，视情况加 0.1 ~ 0.3 分。以上累计最高加 0.5 分。